역전의 부자 농부 성공이야기

초판 1쇄 발행 2024. 12. 30.

지은이 김태준
펴낸이 김병호
펴낸곳 주식회사 바른북스

편집진행 박하연
디자인 이강선

등록 2019년 4월 3일 제2019-000040호
주소 서울시 성동구 연무장5길 9-16, 301호 (성수동2가, 블루스톤타워)
대표전화 070-7857-9719 | **경영지원** 02-3409-9719 | **팩스** 070-7610-9820

•바른북스는 여러분의 다양한 아이디어와 원고 투고를 설레는 마음으로 기다리고 있습니다.

이메일 barunbooks21@naver.com | **원고투고** barunbooks21@naver.com
홈페이지 www.barunbooks.com | **공식 블로그** blog.naver.com/barunbooks7
공식 포스트 post.naver.com/barunbooks7 | **페이스북** facebook.com/barunbooks7

ISBN 979-11-7263-911-2 03520

역전의 부자 농부 성공이야기

저자 **김태준**

농촌융복합산업
&
치유농업
귀농스토리

청년후계농
&
귀농·귀촌
길잡이

농부를 위한
농부의 이야기

바른북스

추천의 글

'도전하는 사람은 아름답다.'

'생각과 이론보다 실천하는 사람이 결국 성공한다.'

농업을 전공하지 않았지만 더 철저한 농업인이 되고 여러 가지에 도전하며 창의적인 부자농부의 모습을 보여주고 있는 케어팜 김태준 대표를 보면 생각나는 말들입니다. 감초를 재배하며 새로운 재배법을 개발하고 감초를 이용한 다양한 제품을 개발하며 선도농업인은 물론 그린바이오산업의 주인공이 되어가고 있는 김태준 대표의 책 《역전의 부자농부 성공이야기》는 농업뿐 아니라 새로운 일에 도전하려는 사람에게 힘을 줄 거라고 생각합니다.

–서울대학교 농림생물자원학부 양태진 교수,

서울대학교 그린바이오과학기술원장

농업에서 성공을 꿈꾸는 이들에게 깊은 통찰과 값진 조언을 제공하는 책입니다. 농업은 단순히 작물을 재배하는 것이 아니라, 미래를 준비하고 자연과 조화를 이루는 창의적인 도전의 장입니다. 이 책에서 설명하는 농부의 성공이야기는 기존의 선입견을 벗어던지고, 새로운 가능성에 도전하는 방법을 보여주고 있습니다.

특히 각 장마다 소개되고 있는 '부자농부의 성공 꿀팁'은 현실적인 조언과 농업 경영의 노하우를 생생하게 전달합니다. 더불어 이 책은 농업을 통해 삶의 성공과 행복을 이루고자 하는 이들에게 많은 영감을 줄 것입니다. 미래 농업의 주인공이 되고 싶은 이들에게 이 책은 나침반이자 든든한 동반자가 되어줄 것입니다.

농업에 대한 열정과 꿈을 가진 이들에게 이 책을 강력히 추천합니다.

–전남대학교 안영상 교수

처음엔 몰랐습니다. 농사보다 농사업을 하라던 조언의 뜻을 알 수 없었지요. 하지만 3년 농업을 하다 보니 이제 깨닫습니다. 농사는 한계가 있고, 농사업은 한계가 없었습니다. 저도 이제 농사업을 하렵니다.

이 책에서는 제가 케어팜 장기 교육에서 배운 '농업이 미래다'의

핵심이 나옵니다. 농민으로서 가져야 하는 자부심을 비롯하여 기존 농업의 선입견을 벗어던지고 농업을 사업으로 연계하는 방법, 1차 농업의 한계를 넘어 무한한 가능성을 제시해 줍니다.

농업에 뛰어드는 건 시대착오적이라 생각하는 분들에게 이 책을 권합니다.

당신이 틀렸음을 알게 됩니다.

—케어팜 청년장기교육생 1기,

청년후계농 정일민

들어가며

농부를 위한 농부의 이야기

감초 농부로 거듭난 지 10년이 되었다.

10년 전, 공무원 생활을 끝내며 감초를 재배하겠다고 했을 때 "농사는 아무나 짓는 게 아니다."라는 아버지의 엄포는 하루도 잊은 적이 없다. 정말이지 '농업'은 아무나 선택할 수 있는 일이 아님을 하루하루 실감했다. 쉬운 일 같다고 허리를 펴면 어느새 비바람이 몰아쳐 궁지에 몰린 때가 한두 번이 아니다. 그럼에도 '농부로 살며 농사짓기'를 선택한 내 결정에 후회한 적은 단 한 번도 없다.

케어팜과 함께 10년, 강산이 변했고, 농업이 변했고, 대한민국 감초 산업이 변했다. 그리고 나는 농부의 삶으로 전환하며 신념으로 삼은 '농식화약동원(農食化藥同原), 농산물, 식품, 화장품, 의약품의 근원은 같다.'를 증명해 냈다. 땅에서 난 농작물 감초의 쓰임이 그러했는데 감초를 끓이면 감초차가 되고, 간장이나 식혜, 과자에 함유되어 식품, 클렌징오일이나 마사지팩, 비누에 쓰이면서 화장품, 이미 약방의 감초라 익히 알고 있으니 감초는 한약재 그 자체다. 더불어 초보 농부는 성장했고 부자농부가 되어 언론에서도 집중 받는 사람이 되었다. 오로지 '감초' 하나의 작물로 이룬 성과다.

장담컨대 농업은 미래 산업이다. 그러기에 많은 청년후계자와 귀농을 선택한 사람들이 늘고 있다. 여러 기관에서 교육도 이루어지고 현장 방문도 언제든 가능하도록 지정해 두었다. 하지만 참여자들은 입을 모아 교육이 기대보다 단편적이고 한정되어 있다고 말한다. 자신의 인생을 걸고 뛰어들 '농업'이 더 막연해져 확신이 생기지 않는다는 말이다. 그래서 고민 끝에 이 책을 쓰기로 했다.

농업을 거시적 안목에서 바라보고 10년의 경험을 녹여냈다. 귀농 후 7년간 경험한 일들을 정리하며 뒤따라오는 이들의 길이 될 수 있도록 《부자농부의 창업 이야기》라는 책을 출간했었다. 누군가에는 길잡이가 되었음을 확신한다. 이 책은 그 후의 이야기, 좀 더 구체적이고 거시적 안목의 농업을 이야기한다. 또 다른 경험, 농업(국산 감초)의 희로애락을 기록하며 《역전의 부자농부 성공이야기》로 뒤따라오는 누군가의 길을 밝혀주고 싶다는 바람이 작용했다. 정답이 아닌 경험을 말하고, 답답함의 해결 방안을 제시하는 길잡이가 되고 싶어 부끄러움을 뒤로하고 용기를 낸 이유다.

지난 10년, 결코 탄탄대로만 걸었던 건 아니다. 긴 터널을 지나왔다. 당시에는 캄캄한 동굴이라 돌아가는 길 외에는 다른 수가 없다고 믿었는데 지나오니 밝은 빛이 기다리는 터널이었다. 혹시 '농업'과 '농민'의 길에서 지치고, 힘들고, 좌절을 경험하고 있다면 당신 역시 터널을 지나고 있음을 말해주고 싶다. 하지만 꿋꿋하게 가던 걸음을 멈추지 말라. 분명 터널의 끝은 있다. 그리고 이 책이 '당신 참 잘하고 있어!'라고 건네는 큰 위로가 될 것이다.

'빨리 가려면 혼자 가라, 하지만 멀리 가려면 함께 가라.'

아프리카 격언처럼 10년 멀리 걸어온 길에 많은 분이 함께해 주셨다. 지면을 통해 그분들께 감사의 말을 전한다.

상품개발에 있어 자기 일처럼 해주시는 최춘규 이사님, 사업이 확장됨에 따라 그 무엇보다 필요한 경제적 조언을 아끼지 않으시는 김원동 지점장님, 대체 당(糖)으로 감초 활용을 고민할 때 (감초) 커피를 시제품으로 만들어 조언해 주신 카페예(1kg 커피) 이상호 대표님, 이현희 부장님, 끊임없는 고민과 도전에서 감초의 활용성을 높여주시는 가인화장품 송홍종 대표님, 함께 감초 재배 연구를 담당해 주시는 전남대학교 안영상 교수님 그리고 원감, 다감을 개발하고 제품개발을 위해 함께 고민해 주시는 이정훈 박사님 고맙습니다. 여러분이 '농부'로서 자부심을 높여주고 성장의 동력을 마련해 주셨습니다.

농촌융복합산업을 위한 카페(달보드레) 운영과 메뉴 개발을 위해 끊임없이 도전하는 이사님(아내)과 부자(父子)농부를 위해 한국농수산대학교 특용작물 전공을 선택한 아들(현원), 카페 달보드레라는 이름을 지어준 딸(예원)에게도 고마움을 전합니다.

케어팜을 통해 청년후계농 교육을 받은 미래의 성공 농부들, 귀농 · 귀촌 교육과 현장 실습을 위해 방문하는 한국농수산대학교 학생들과 전국에서 농촌융복합산업의 성공 사례를 보기 위해 오시는 수많은 농부에게도 감사를 전합니다. 우리가 함께 가기에 멀리 갈 수 있는 것 아니겠습니까.

케어팜 카페 달보드레에서 감초 함박스테이크, 감초라테 등 감초를 활용한 다양한 음식과 차를 마시며 케어팜을 응원해 주시는 모든 분께도 감사드립니다.

지금까지 닦아온 10년을 기반으로 다가오는 미래 10년을 준비하겠습니다.

그리고 농업, 농촌, 농민의 100년 기업이 되도록 오늘도 한 걸음 나아갑니다.

2024년 9월

늘 한가위 보름달처럼 넉넉하길 기대하며

차 례

2장 변화를 두려워하지 마라

3장 기회는 준비된 자에게 온다

4장 농사업에도 지름길이 있다

5장 부자농부의 성공이야기

바야흐로 최첨단 시대다. 과학기술이 급진적으로 발전하면서 모든 산업이 변모하고 있다. 이 시점에서 '농업'은 등한시되고 있다. 농업에서 비전을 찾고 땅을 일구는 사람이 현저히 줄었다. 그로 인해 농촌의 환경은 갈수록 열악해지고 낙후되고 있다. 이런 사회 현상의 측면에서 보면 '농업'과 '성공'은 아주 동떨어진 이야기로 들린다. 농업은 힘들고 돈이 안 되며 전망이 없다고 치부된다. 하지만 단언컨대 농업은 가장 전도유망한 직업이며 성공이 보장된 직군이다. 왜일까? 농업으로 성공한 이야기를 따라가 보자.

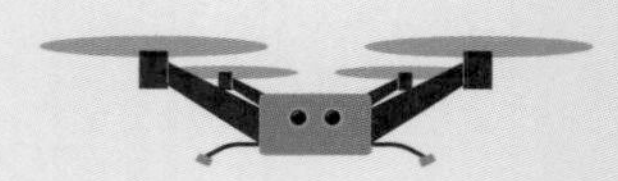

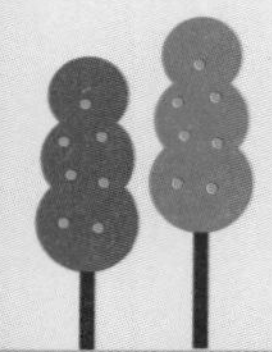

1장

농업이 미래이고 희망이다

농자천하지대본은 진리다

"식사하셨어요?"

누구나 쉽게 자주 하는 인사말이다. 존칭어를 썼지만 "밥 먹었니?", "밥은 먹고 다니냐?"라고 하면 손아랫사람에게도 친근하게 다가갈 수 있다. 흔히 가볍게 나누는 이 인사말은 누군가에게 챙김을 받는 다정함까지 전달해 처음 만나는 사람과도 유대감을 형성하기에 좋다. 특히 요즘처럼 바쁜 일상 탓에 끼니를 제때 제대로 챙기지 못하는 사람이 많아 아주 유효한 인사라고 생각된다.

흙을 일구는 농사꾼이다 보니 그 인사가 더 의미 있게 다가오는 것 또한 사실이다. 모든 식사의 근본이 땅에서 나오기 때문이다.

음식 몇 가지, 요리에 사용된 재료 몇 가지를 잠깐만 생각해 보자. 기본적으로 밥이나 김치, 샐러드나 나물 등 모든 채소류는 땅에서 난다. 된장찌개, 김치찌개, 국수, 라면, 파스타나 샌드위치까지. 육류는 어떤가. 돼지고기, 소고기 또한 마찬가지이다. 가축을 사육하면서 제공되는 사료의 재료인 옥수수, 콩, 밀, 보리도 모두 땅에서 나는 것들이다. 방목하는 소나 양들은 땅에서 나는 풀을 먹는다. 이 또한 땅에서 비롯된 것이다. 요즘 간편식으로 나오는 수프나 시리얼의 원재료도 따져보면 농부의 손을 거친 일용할 양식이다.

그러므로 우리에게 양분 공급은 땅이 책임진다 해도 과언이 아니다. 흙이 키워낸 작물이 사람도 키우는 것이다. 그 중심에 농사가 있고 농업이 있고, 농부가 있고, 미래 농부(農富)가 있다.

그러나 안타깝게도 현실의 농부가 이런 자부심을 느끼고 농업에 종사하기란 쉽지 않다. 여러 이유가 있지만 여기서 대표적인 몇 가지만 살펴보고자 한다.

첫째, 실질적 농가 소득이 보장되지 않는다는 점이다. 이는 가장 크고 중요한 원인으로 작용하는데 일한 만큼 돈을 벌지 못하는 일을 하려는 사람은 없다. 통계청의 농어가경제 조사에 따르면 2023년 농가 소득은 5,017만 원이었다. 이는 2022년보다 16.9% 상승한 기록이다. 사상 첫 5,000만 원대 진입이라니 의미도 있다.

그러나 현장에서 만나는 농민들의 시름은 깊다. 정부 보조금, 지원금과 장려금을 반영한 소득 산출이라 오로지 농업만을 통해 얻은 실질 소득은 이에 크게 못 미친다는 사실을 알기 때문이다. 또한, 천정부지로 오르는 인건비며 비료나 자재비용 등 농업경영비를 제외하면 손에 쥘 수 있는 소득은 턱없이 줄어든다는 것이다.

사실 2023년 농가 소득 자료는 집중호우로 인한 작황 부진으로 농산물 가격이 전반적으로 올랐던 데 기인한 것이다. 또한, 농촌 인구의 고령화로 국민연금 수령액 증가도 한몫했다니 그 뒷맛이 씁쓸하다. 이런 상황을 풀어보면 농촌 사회나 농민, 농사는 자력으로 빈곤에서 벗어나기 어렵다는 뜻이다. 농사만으로 먹고 살기 어렵고 다른 경제활동을 하거나 정부 지원에 의존해야 한다는 의미이다.

둘째, 일이 힘들다. 파종이나 재배, 수확 등 농업과 관련된 노동은 장시간 그늘 한 점 없는 땡볕에서 일해야 하는 작업이 대부분이다. 벼농사는 물론이고 콩이나 감자, 고구마 등 작물 대다수는 태양과 흙을 기반으로 자란다. 밭갈이나 모심기 등 어떤 공정은 기계를 이용할 수 있지만 이 또한 총체적 작업의 일부분일 뿐이다. 대체로 사람의 손을 거쳐 작업해야 한다.

작업의 환경이 편한 것도 아니다. 허리를 숙이거나 쭈그려 앉아 작업하는 것은 일상이다. 시기를 놓치면 안 되는 적기가 있어 바쁘다고 미룰 수도 없고 아프다고 쉴 수도 없는 상황이다. 이렇게 열악한 환경에서 일하고 싶은 사람은 없다. 특히 자신의 미래를 꿈꾸는 젊은이들은 이러한 이유로 더욱 회피하는 직업이 되고 있다. 실질적으로 정부에서 청년후계농을 육성하고 지원하지만 결국 농업에 자기 인생을 투자하는 사람은 극소수에 불과하다.

시대의 변화에 따라 스마트팜이나 자동시설이 완비된 하우스 재배도 늘고 있다. 하지만 일손을 필요로 하는 부분에서는 어쩔 수 없이 농부의 손이 닿아야 한다.

셋째, 미래가 불투명하다. 모든 작물은 인간의 생명을 보존하는 가장 핵심이자 근원이지만 농업, 어업, 임업, 축산업의 가치는 사람들 인식에서 현저히 낙오되어 있다. 먹지 않고 생명이 유지되는 생명체는 없는데도 불구하고 고부가가치 산업에 집중하느라 산업적 차원에서 점차 멀어진 것이다.

여기에 더해 기후변화로 인한 침수, 가뭄, 태풍이나 한파, 냉해 등 자연재해로 농산물 피해가 발생하는데 이는 미리 대비할 수 있는 문제가 아니며 대응하기도 어렵다. 이러한 재해가 닥치면 수확량은 급격히 떨어지고 가격이 폭락하기도 한다. 이러한 위험부담과 더불어 일정한 소득이 창출되지 않은 상황에서 자신과 가족의 미래를 담보 잡힐 수 없는 것이다.

이러한 농업, 농촌, 농민의 현실은 안타깝지만 부정할 수 없다.

수많은 가능성을 제시하고 과학기술과 연계해 수확량을 늘리고 새로운 작물의 재배로 시장을 확대할 수 있으니 '농업이 미래다.'라고 섣부른 희망을 제시하기도 어렵다. 그럼에도 불구하고 '농업이 살아야 인류의 역사가 이어진다.'라는 자연의 섭리는 부인할 수 없는 진리이다. 앞서 언급한 생명의 근원을 담당하고 있기 때문이다.

그렇다면 이 시점에서 우리는 무엇을 준비하고 어떻게 어려움을 극복해 나가야 하는가. 국가나 기관 어디든 비빌 언덕을 찾아야 하는가. 우리 스스로 발전하고 성장할 방법을 모색해야 하는가. 개인적인 의견을 묻는다면 나는 후자를 답으로 꼽는다. '하늘은 스스로 돕는 자를 돕는다.'는 속담에서 기인한 대답이기도 하지만 10여 년 전 맨몸으로 농업에 뛰어들어 차근차근 일궈낸 성과에서 길을 찾았기 때문이다.

시대가 아무리 변해도 인간은 먹어야 산다. 그 먹거리는 모두 농산업에서 나온다. 이는 확실하고 분명한 사실이다. 한 알의 알약으로 끼니를 해결한다고 해도 그 또한 농산업에서 수확한 작물로 만들어진다. 이를 절대 간과해서는 안 된다. 장담컨대, 단언컨대 농산업만이 유일하게 영원히 살아남을 직업이다. 그러기에 가장 유망한 직군이기도 하다.

– 자갈을 골라내며 땅을 일구다

농업은 가장 미래지향적 직업이다

어떤 사람은 농업에 답이 없다며 농촌을 떠난다. 일은 힘들고 돈은 생각보다 조금 벌리며 문화생활도 누리기 어렵다는 세부적 이유까지 든다. 아이의 교육이나 의료 환경, 복지시스템이 열악하다는 사회적 문제를 들고나오기도 한다. 안타깝게도 이 부분에 대해서는 대도시와 비교해 농촌의 환경을 생각해 보면 분명히 고개가 끄덕여지는 부분이 있다.

한편으로 어떤 사람은 나이 들어 도시에서 하던 일을 정리하고 농사짓기 위해 또는 퇴직 후 쉼을 얻는 행복을 찾아 저 푸른 초원 위에 그림 같은 집을 짓기 위해 돌아온다. 도시에서 직업을 가지고 생활하던 사람들이 농부의 꿈을 안고 귀농 · 귀촌 하는 것이다. 각박하고 치열한 경쟁에서 벗어나고 싶은 사람들이나 평생을 직장에 다니다 정년퇴직한 은퇴자도 있다. 도시에서 하던 일이 적성에 맞지 않거나 시간에 쫓기지 않는 일을 하고 싶다는 생각에 농촌의 삶을 선택하기도 한다. 이들 중에는 농촌에서 어린 시절을 보낸 사람도 있지만 난생처음 손에 흙을 묻히는 사람도 있다.

우리는 이들에게 '귀농', '귀촌'이라는 타이틀을 부여한다. 각자 상황에 맞춰 진행하는 삶의 계획이고 시도이지만 직면해 보면 어느 것 하나 쉬운 게 없다는 하소연도 듣는다.

무슨 분야의 일이든 처음 시작할 때는 서툴다. 특히 농업 분야는 작물에 대한 이해가 충분히 뒷받침되어야 재배가 가능하다. 그러나 하나의 생명(식물)이라는 오묘함 때문일까. 그 생태적 특성을 잘 알아도 수시로 현장의 상황이 바뀌고 기후나 토양의 조건에 따라 적용이 힘들어 시행착오를 많이 겪는다. 귀농 · 귀촌의 현장에서 교육받거나 작물에 관한 재배법을 공부해도 마찬가지다. 차라리 직접 농사를 지어본 경험을 가진 여러 선배나 전문가의 조언이 더 요긴하고 효율적일 때가 많다. 그들의 축적된 방법이나 요령은 현장의 변수를 감안한 실질적 대안에서 나오기 때문이다.

농촌을 떠나는 사람(솔직히 많다)과 농촌으로 오는 사람(생각보다 적다)을 지켜보며 "그래도 농업이다!"라고 자신 있게 말할 수 있는 비결이 있다.

물론 여기서 "농업이 미래의 희망"이라고 말한 투자자 짐 로저스, 빌 게이츠, 마윈의 말을 빌리거나 미래학자들의 예측하는 것처럼 전 인류의 문제를 해결하는 열쇠가 '농업'에 있다는 의견에 편승하고 싶은 생각은 없다.

다만, 공학박사이자 전직 공무원 출신 농민이 땅을 일구는 농업 현장에서 10년을 보낸 체험에서 비롯되고 관찰된 전망이다. 여기에 동의하는 사람도 있고 반론을 제기할 사람도 있겠지만 지극히 개인적인 의견이니 한 사람의 관점으로 읽어주며 '그래도 왜 농업'일 수밖에 없는지 함께 고민해 보았으면 좋겠다.

가장 먼저 기후변화가 주요인이다. 기후변화는 지구와 전 세계인의 문제로 심각성은 몇십 년 전부터 대두되었다. 지구온난화에서 시작된 이상 기후는 각 대륙을 휩쓸고 있다. 이 글을 쓰는 6월 18일 우리나라 중부내륙 지방에 폭염주의보가 내렸다. 전국 대부분이 한낮 31도까지 오르고 체감온도는 35도였다. 미국과 캐나다는 43도까지 올라 기록적인 폭염이 지구를 달구고 있다. 인도 뉴델리는 5월 29일 낮 최고 기온 섭씨 50도에 육박했다. 폭염 사망자만 160명이라고 하니 이런 기후변화에 따른 긴요한 대책 마련이 시급해 보인다. 그러나 더 무서운 사실은 뾰족한 해결 방법이 없다는 것이다.

더위를 피할 줄 아는 인간의 피해도 이러한데 작물은 어떻겠는가. 기후와 농업은 불가분의 관계이다. 〈단군 신화〉에서부터 환웅이 땅으로 내려올 때 풍백, 우사, 운사와 함께 내려왔다고 전한다. 농사에는 기후조건이 맞아야 한다는 점을 상징적으로 보여주는 장면이다. 비가 내리지 않으면 기우제를 지내며 풍년을 기원하지 않았던가. 농사는 가뭄이나 장마, 홍수, 냉해 등 날씨의 영향에 직결돼 수확량이 결정되었다. 이에 노심초사 일기예보에 촉각을 곤두세웠다.

그러나 산업혁명 이후 오염된 환경이 지구온난화를 가속화시켰다. 21세기 들어 최첨단 과학기술로도 통제할 수 없는 기후변화로 농작물의 피해가 속출하고 있다. 밀, 콩, 옥수수 등 전 세계 작물의 수확량이 감소하고 채소나 과일의 작황 부진은 속수무책이다. 그로 인해 닥쳐올 식량 위기는 불 보듯 뻔한 결과를 맞이하고 세계인이 기근과 기아에 내몰리게 된다.

이러한 전망이 제시되고 있는데도 우리나라는 반도체 산업이나 첨단기술 산업에 투자가 집중되고 있다. 농지가 적고 농업 인구가 부족한 국가에서 효율을 극대화하기 위한 투자로 경제를 살리려는 의도이다. 하지만 우리나라의 식량 자급률은 2022년 32%, 곡물만 따지면 23%이다. 이렇게 턱없이 낮은 식량 자급률에도 수입에 의존해 모든 수요를 맞추며 근본적인 대비나 대책을 마련하지 않고 있다.

그렇다면 가까운 미래, 앞서 언급한 기후변화로 농업 강국이 식량안보 차원에서 수출을 금지하거나 국제 제재로 식량 수입이 중단되면 우리나라는 큰 위기를 맞게 된다. 그때는 농산물(식량)만이 국가 경쟁력이 된다.

여기서 '그래도 농업!'이라는 주장에 힘을 싣기 위해 권위적인 인물의 말을 덧붙이고자 한다. 세계적인 투자자 짐 로저스는 서울대학교 강연에서 연설했다.

"여기 모인 학생 중에 경운기를 몰 줄 아는 사람이 정말 단 1명도 없나요? 서울대 학생들은 똑똑하다고 들었는데 실망입니다. 미래 최고 유망 업종인 농업에 대해 아무것도 모르고 있군요."

인터넷 쇼핑몰 알리바바 창업자 마윈은 농업의 발전 가능성을 예고했다.

"현재 농업은 21세기 초 인터넷과 같다. 출발점이 좋고 환경 역시 충분하다."

그만큼 농업이 시대를 초월해 무한한 지속 가능성을 품고 있으며 시장성이 크다는 의미로 해석된다.

마이크로 소프트사의 최고경영자로 은퇴한 빌 게이츠는 미국에서 '농지 왕'으로 불릴 만큼 광활한 농지를 소유하고 있다.

이제 식량 위기는 남의 나라 이야기가 아니다. 우리 모두 심각한 경각심을 가져야 한다. 그러기에 21세기 최첨단 과학이 주도하는 세상을 향해 **'그래도 농업!'**을 외쳐야 한다.

– 예비 청년후계농 교육생들

선입견에서 벗어나면 더 많이 볼 수 있다

전통적으로 우리에게 농업은 논농사, 밭농사로 국한되어 있었다. 특히 논에서 나는 '쌀'은 우리나라 사람들의 주식인 밥으로 직결되어 풍년과 흉년을 결정하는 좌표가 되기도 했다. 밭농사는 과일이나 콩류 등 잡곡과 배추나 파, 무, 당근 같은 채소, 감자나 고구마, 옥수수처럼 척박한 땅에서도 자라 식사 대용으로 쓰이며 다양한 음식의 재료로 영양소 공급원이었다.

아마 50대 이상 농촌에서 났거나 자란 성인이면 밭에서 흔하게 자라는 이런 식물을 일상적으로 보았을 것이다. 직접 밭에서 풀을 뽑고 수확을 거들었을지 모른다. 하기 싫어 공부한다는 핑계를 댔

을지 모르고 부모님 고생을 체감하며 열심히 도왔을지도 모르겠다. 지금은 농촌에서 자라는 아이들도 밭에 들어가거나 일을 거드는 것은 극히 드물다. 아이를 위하는 마음이기도 하지만 시대가 변함에 따라 생활의 근간이었던 농업이 이제는 성인의 직업 영역으로 들어온 까닭이다. 이는 무조건 반길 일이다.

'농업'이라는 분야가 전문화되고 산업의 한 분야로 인정되고 있다는 반증이기 때문이다. 농업이 집안일에 그칠 때는 생계 수단의 이미지가 강했다. 가을에 수확한 곡식을 창고에 많이 쌓아두고 보릿고개에도 배곯는 일이 없으면 됐다. 소작농은 남의 집의 농사일에 품을 팔아 생계를 유지했다. 물론 이는 근대화 이전의 일이기는 하나 산업화의 영향을 늦게 받은 농촌 사회에서는 1960년대 초까지 이어진 현상이었다.

이제는 농촌도 급진적 발전을 거듭해 농업의 혁신이 불고 있다. 어엿한 '농부'를 하나의 직군으로 인정하는 사회적 분위기도 형성되었다. 신품종 개발이나 재배에 전문지식이 필요하고 저장이나 유통이 체계적으로 시스템화되어 '과학영농'이라는 어휘가 생길 만큼 미래 첨단농업을 향해가고 있다. 또한 농사를 지어 돈을 벌 수 없다는 편견에서 벗어나 농사를 사업으로 확대해 작물을 가공, 판매까지 농민들이 담당하고 있다. 여기에 더해 작물을 이용한 화장품이나 의약외품, 생필품까지 생산하며 농업의 범주를 확장시키고 있다.

우리나라에서 재배하는 작물의 종류도 매우 다양해졌다. 기존에는 우리 토양과 기후에 맞는 토종 식물에 국한되었는데 근래에는 외래종 채소와 과일까지 심고 수확한다. 사계절이 뚜렷하던 온대기후가 점차 아열대기후의 조건으로 변화되는 과정에서 수입에 의존하던 식물들이 우리 기후 환경에서도 자랄 수 있게 되었기 때문이다. 샤인머스캣이나 체리, 키위, 애플망고, 구아버, 용과, 블루베리는 물론이고 멜론이나 비트, 케일, 아스파라거스, 양배추, 브로콜리, 파프리카 등 채소류까지 다양한 품종의 작물이 현재 우리나라에서 재배 중이다.

물론 노지 재배보다 하우스나 수경 재배 등 식물의 성장 조건에 맞추어 시설이 완비된 상태에서 이루어지는 경우가 많지만 우리나라에서 재배하여 더 싱싱하고 품질을 보증받는 과일과 채소를 소비자들에게 공급할 수 있다는 장점이 있다. 수입에 비해 가격도 저렴하게 공급할 수 있으므로 시장에서 환호받는다.

여기에 개인적인 경험을 덧붙이자면, 우리 회사에서 재배하는 감초의 경우 그동안 99% 수입에 의존해 왔다. '약방의 감초'라는 말이 무색할 만큼 우리나라에서는 감초 생산이 전무했다고 해도 과언이 아니다. 간장이나 과자류, 화장품, 의약품까지 다각도에서 활용되고 쓰이는 감초이지만 그 원산지는 모두 중국, 몽골, 키르기스스탄, 우즈베키스탄이었다.

이에 감초 관련 논문을 찾아보니 고려나 조선 시대에 왕의 명령으로 감초를 심었으나 재배에 실패했다고 나왔다. 토양이나 기후 조건이 맞지 않았던 게 그 이유로 짐작된다. 그러나 이제 우리나라 '원감' 품종이 개발되고 전국에서 감초를 심는다. 성분 분석 결과 품질의 우수성이 증명되기도 했다. 이를 하우스 재배와 재배 방식의 변화로 생산량을 높이고 상품성 높은 감초를 생산해 농가 소득을 높이고 있다.

이렇게 농업의 환경이 바뀌었는데도 아직도 우리나라 사람들의 고정관념은 논과 밭, 몇 가지 품목에 제한돼 있다. 농업이 전통적으로 심고 가꿔오던 작물을 그대로 답습하며 잘 재배하여 많이 수확할 방법만 연구한다. 급격하게 변화하는 농업의 현장과 농촌의 모습을 현실적으로 보지 못하기 때문이다. 공부하고 알아보자고 하면 손을 내저으며 자신이 할 수 없는 일로 치부한다.

그러나 명확한 사실이 있다면, 요즘의 농촌은 다른 어떤 산업보다 앞서 변화를 이끌고 있다는 것이다. 농업에 종사하는 농민들의 의식도 깨어 있어 새로운 작물에 도전하기를 망설이지 않는다. 더 높은 소득과 더 나은 가능성에 시선을 돌리며 우수한 품종을 심고 수확량을 증대하는 방법을 공부하고 연구한다. 심기만 하면 저절로 자라기를 바라거나 날씨의 조건에 따라 수확량이 결정되도록 방치하지 않는다. 스스로 나서서 품종의 다양성을 추구하고 자신이 수확한 작물로 어떤 상품을 개발해 시장에 내놓을지, 저온 창고나 1차 가공으로 출하 시기를 타진해 높은 소득을 올릴 계획도 세운다.

'농사나 지어볼까?' 하는 막연함으로 농업에 접근하지 말자. '농사가 별거야?', '농사처럼 쉬운 게 어딨어?'라는 관점으로 접근해서도 안 된다. 언제나 선진 농업을 배우고 익히는 자세가 필요하다. 시대가 변하는 만큼 농촌도 농업도 변모하고 있다.

삶의 근원을 책임지는 그 중심에 농업이 있다. 그동안 가진 선입견과 편견을 내려놓자. 도전해 보지 못할 작물이 없고 그 다양성은 날로 확대되고 있다. 농업에 관심이 있고, 종사하고 있는 사람이라면 자신이 가진 시야의 반경을 넓히자. 현재 가장 많이 소비되는 작물은 무엇이고 어떤 제품에 어느 작물이 이용되고 있는지 살펴야 한다. 그래야만 당신의 관점이 달라진다. 농업의 선입견에서 벗어나라!

– 대한민국 최초 감초 스마트팜

땅에 맞는 작물을 찾아라

생각보다 우리의 시야는 좁다. 귀는 얇다. 이것저것 따지기를 싫어하고 정해진 것에 따르길 좋아한다. 기존의 것을 그대로 이어가려는 성향도 있다. 왜일까? 자기 선택에 확신이 없고 그 결과에 불안과 두려움이 있기 때문이다.

한 번 정하면 1년 혹은 2~3년, 더 길게는 남은 평생 가정 경제를 담당해야 하는 농업의 작물 선택은 매우 중요한 결정이다. 그러기에 더욱 신중하게 접근해야 하지만 무엇을 어떻게 짚어보고 알아봐야 하는지 난감하다. 귀농을 생각하는 사람뿐 아니라 현재 재배하는 작물을 바꾸려 할 때도 마찬가지다.

그들의 선택지를 보면 '돈이 되느냐.', '잘 팔리느냐.' 하는 문제에서 많이 접근한다. 그래서 하나의 작물이 선풍적인 유행처럼 번질 때가 있다. 너도나도 돈을 벌 수 있는 작물을 심기 때문이다. 그 결과는 뻔하다. 시장에 그 작물이 넘쳐나게 되니 비싸고 잘 팔리던 작물의 가격이 헐값이 된다. 이는 어려운 경제학의 '수요와 공급의 법칙'을 모르더라도 시장에 물건이 많이 나오면 그것의 가격은 떨어지고, 아무리 비싼 물건도 사려는 사람이 없으면 가격이 내려가는 원리이다. 전년도에 양파 파동이 일어 가격이 폭등하면 올해는 양파를 심는 농가가 대폭 늘어난다. 과잉 재배가 되는 것이다. 그 결과 양파 출하 시기에는 가격이 폭락하고 인건비, 경작비도 건질 수 없어 밭을 갈아엎기까지 한다.

이런 상황을 뉴스로 접할 때마다 내 일처럼 안타깝다. 샤인머스캣, 복분자, 블루베리, 아로니아 등 고소득 작목이라고 주목받자 급격히 재배 면적이 증가하면서 가격이 폭락하고 농가는 빚더미에 앉았다. 이러한 투기적 재배는 없어야 한다.

그만큼 많은 사례를 관찰해야 하고 관심 작물을 공부해야 하며 시장의 정보까지 한눈에 꿰뚫고 있어야 한다. 이를 위해 농부도 끝없이 공부해야 한다. 특히 가격 형성 과정이나 작물의 유통 단계는 필수이며 후가공 처리되는 작물의 경우 제품의 효능과 활용 범위까지 알아두면 좋다.

그렇다면 어떤 작물을 선택해야 할까. 이 질문 앞에서 고민이 많아진다. 여러 사항을 짚어보기 전에 먼저 중요한 부분 하나를 짚고 가야겠다. 작물을 크게 구분하면 식용작물 비식용작물로 나뉜다. 식용작물의 종과 과, 계 등 몇 개의 분류로만 나눠도 그 수가 엄청나다. 여기에 농촌융복합산업으로 확장하면 작물 선택의 폭이 광대하게 넓어진다. 이는 하나의 작물을 선택하고 소비 용도나 가공해 활용하는 범위까지 알아봐야 하므로 여기서는 작물 선택 시 고려되어야 할 사항만 언급하고자 한다.

첫 번째, 지형이다. 지형은 땅의 생긴 모양이나 형세를 말하는데 단순히 그것만 보아서는 안 된다. 일조량이나 토질까지 포함해 점검해야 한다. 이는 생산량으로 직결되는 부분이라 매우 중요하다. 흙에 함유되어 있는 성분에 따라 알맞은 작물이 있다. 대부분 고창 수박, 무안 양파, 대구 사과, 강원도 옥수수, 괴산 고추 등 지역 특산물이 있는 것도 이러한 이유의 결과이다. 그 지역의 지형과 토질이 그 특산물과 잘 맞는 요인이 있지만 그렇다고 모든 농가에서 이 작물만 심어야 하는 것은 아니다. 오히려 비슷한 토양과 토질에서 효율성을 극대화할 작목이나 작물이 있음을 고려해야 한다. 전통적으로, 조상 대대로 심어온 작물의 소비는 시대와 문화의 발전으로 변화되고 있다. 변화를 시도하지 않으면 그대로 이어지게 되는데 더욱 발전할 수 있는 기회를 스스로 떨쳐버리는 건 아닌지 생각해 봐야 한다.

지형의 경사도를 살피는 것도 잊지 말아야 한다. 흙의 수분 함량이나 토양의 통풍성은 수확량을 결정짓는 데 주요한 부분이다. 모래나 진흙의 비율에 따라 물 빠짐에 영향을 미치며 흙의 유기물이나 미네랄의 함량에도 영향을 주어 생산작물의 영양소와 품질을 결정한다. 세심히 살펴볼 필요가 있다. 이러한 수고는 한 해 심고 수확 후 끝나는 농사가 되지 않도록 하기 위함이다. 작물의 지속성은 사업과 연결된다. 그러기에 지형을 정확하게 분석하는 것은 지속 가능한 작물 생산을 위한 기초작업이라고 봐야 한다.

이전에는 재배 정보가 부족하고 농업기술과 시스템이 미진하여 엄두를 내지 못했던 작물이 현대에 들어 농촌진흥청이나 농업기술센터의 노력으로 체계화되어 있다. 네트워크를 통한 정보 공유나 재배 방법의 다양성으로 오히려 특이작물이 각광받는다. 그러므로 토양과 토질, 지형을 전반적으로 고려해 보면 답이 나온다.

다음으로 작물의 생장 사이클을 연구해 보자. 하나의 작물에도 여러 품종이 있다. 주위에서 권하는 품종으로 무조건 선택할 게 아니라 그 품종의 특징을 찾아보고 알아두는 게 좋다. 병충해 내성이 강하거나, 생육이 빨리 되거나, 같은 작물이라도 구성 성분이 다르며 수확량에서 차이가 나는 등 종류가 매우 다양하다. 그에 따라 일기의 변화나 병충해에도 영향을 받는다. 또한 어느 정도 거리를 두고 심을 수 있는지 살펴야 함도 물론이다. 이는 가시적으로 보이지 않는 토양 수분 상태를 고려한 판단이어야 한다.

생장 사이클과 작물을 연결해 토지 면적에 따라 단계별 이용 전략을 짜야 한다. 만약 하나의 작물만 생각하고 있다가 수확 시기가 빨라 다음 파종까지 오랜 기간 땅을 묵혀두어야 한다면 효율성이 떨어진다. 자연히 농가 소득도 준다.

여기에 더하면 파종 후 작물 관리의 과정도 헤아려야 한다. 이는 노동력으로 직결되는데, 어떤 관리가 필요하며 작물의 성장 과정 중 어느 단계에서 어느 정도의 일손이 필요한지 미리 점검해 두어야 한다. 이는 이론적 재배 방법에는 나와 있지 않은 부분이라 미리 점검해 두지 않으면 온갖 시행착오를 겪게 된다. 같은 작물, 같은 품종을 재배해 본 경험자의 조언을 구하는 것이 가장 좋은 방법이다.

마지막으로 재배 방법인데 이는 노지에서 재배하느냐 비닐하우스나 수경 재배를 택하느냐 하는 것이다. 시설비와 관련되어 비용적인 부분을 고려해야 하기에 개인적 경제력에 따른 선택이 될 수 있다. 여기서 중요한 것은 편한 관리를 위해 돈으로 모든 것을 해결하려 해서는 안 된다. 자본이 들어가는 일이므로 시설 투자에 신중해야 하고 수확량과 예상 소득까지 감안해야 한다.

예전에 비해 작물 선택의 폭이 넓어졌다. 그러나 막상 어떤 작물을 심을까 고민하게 되면 아는 정보 안에서 몇 가지 품목으로 정해진다. 이미 먹어보았거나 주변에서 재배하여 아는 작물에 국한하는 경우가 많다. 이는 가장 쉬운 방법이지만 가장 어리석은 방법이기도 하다.

땅에 무엇인가 재배하고 싶다면 자신의 지식과 정보, 주변 사람들의 조언에 더해 더 많은 경우의 수를 두고 생각하자. 인터넷으로 검색만 해도 다양한 작물의 이름을 접할 수 있다. 하나하나 그 특성을 살펴보고 자신의 토양에서 재배할 수 있는지 알 수 있다. 나아가 재배 방법과 수확량까지 알아보면 자기만의 작물을 만날 수 있다.

– 토양의 조건을 달리한 작물 재배

즐기면 일인자가 된다

"걸어서 하는 독서, 앉아서 하는 여행"

제주도 출장길에 본 문구이다. 걸으면서 보고 듣고 만나고 스치는 모든 것들이 책에 담긴 그 어떤 좋은 글귀보다 가치 있다는 뜻으로 받아들였다. 마찬가지로 직접 만날 수 없거나 가보지 못한 장소와 상황은 책을 통해 언제든 만날 수 있다는 의미였다.

이 글귀를 보는데 처음 농사를 시작했을 때가 떠올랐다. 직장생활을 하다 처음 뛰어드는 일이니 남몰래 겁이 났다. 한 달 일하면 꼬박꼬박 받는 월급으로 안정된 생활에서 갑자기 소득이 불투명한 직업으로 전환되니 호기롭게 던진 사표가 원망스럽기도 했다. '잘

될 거야.'라고 세뇌해 봐도 잘할 수 있다는 확신에는 불안감이 한꺼번에 훅 밀려오기도 했다. 특히나 우리나라에서 재배되지 않았던 '감초'라는 작물에 도전하는 것이니 오롯이 혼자 이 길을 헤쳐 나가야 한다는 부담감도 컸다. 주변에 감초를 재배하는 농가가 없어 조언을 구할 곳도 없었다. 한편으로는 그래서 더 좋았다. 바로 이 점이 내 도전 의식을 자극했다. 농업에 첫발을 내딛는 것이지만 잘하고 싶었다. 먼저 무엇을 어떻게 해야 할지 정하고 차근차근 실행해 나갔다. 그 비결을 여기에 풀어보고자 한다.

가장 처음 한 일은 자료를 찾는 것이었다. 그러니까 공부다. 인터넷에 알고 싶은 부분을 검색하고 블로그나 뉴스를 먼저 찾아보았다. 블로그에는 그 일을 직간접적으로 경험한 사람의 체험담이 올라와 있었다. 그러기에 시장의 반응이나 제품, 소비자의 심리를 엿볼 수 있다. 예를 들어 '감초 효능'을 검색하면 블로거들이 올린 생활 건강 글이 뜬다. 이를 하나하나 읽어보면 소비자들이 어떻게 인식하고 있는지 보인다. 뉴스는 가장 최근에 올라온 기사부터 차례로 보면 좋다. 전국의 같은 작물 정보를 알아보기 쉽다.

틈틈이 관련 책을 보는 것은 아주 유용하다. 블로그나 뉴스는 단편적인 내용만 담고 있지만 책은 폭이 넓고 깊은 정보를 제공한다. 힘든 일을 하고 책을 보는 것이 쉽지는 않지만 그래도 꾸준히 한 페이지씩이라도 관련 서적을 읽어야 한다. 신문이나 정기 간행

물을 구독해도 좋다. 농업 관련 서적은 주변이나 주위에서 들을 수 없는 이야기를 담고 있다. 주먹구구식으로 알던 지식을 체계적으로 알아갈 수 있으며 앞으로 농업의 발전 가능성이나 나아갈 방향을 모색하게 도와준다.

또한, 농업과 연결된 사회나 과학, 문화까지 알 수 있어 좁은 시야를 넓혀준다. 그러기에 자신하건대 다른 나라 농업의 발전성이나 구태의연한 농업에서 벗어나는 길은 책에 있다고 본다. 더불어 책을 읽으면 농업에 임하는 사고와 가치관이 정립돼 누구보다 자부심을 장착하고 농업에 임할 수 있다. 아는 만큼 보이고 들리는 것은 자명한 사실이다.

다음으로 여행 삼아 여러 농가를 견학했다. 전국의 같은 종목을 재배하는 농가가 아니라 일부러 다른 작물을 심고 수확하는 곳을 찾아갔다. 어떤 농사의 현장이든 배울 게 한 가지씩은 꼭 있었다. 재배 방법과 시설뿐 아니라 유통이나 가공의 새로운 면이 보였다. 시야가 훨씬 넓어지고 몰랐던 상황을 알 수 있는 기쁨까지 누릴 수 있었다. 같은 일을 하고 있다는 동지애 때문일까. 그 농가에서 만나는 농민은 모두 우호적으로 반겨주었다. 하나라도 더 알려주려고 하고 수확물을 맛보여 주기에 용기도 충전받았다.

이렇게 여행 삼아 다른 농가에 가보면 내가 처한 한계가 드러난다. 무엇을 개선해야 하는지 보인다. 그때 필요한 정보는 도움을 구하면 기꺼이 알려주는 친절함까지 베푼다. 더 나아가 협력을 꾀할 방법도 모색하게 된다. 한 번의 발걸음으로 가로막혔던 길이 뚫리기도 하고 새로운 길을 내기도 한다.

일부러 시간을 내 찾아가도 좋지만 여행 갔을 때 잠깐 시간을 내 근처 농가를 돌아보면 좋다. 내가 교육이나 강의, 업무차 다른 지역에 가는 걸 즐기는 이유이다. 별도로 시간을 낸다면 하루 품을 팔아야 하지만 가는 길에 들르는 것은 보너스를 받은 기분이 든다. 그래서 언제나 차에는 명함과 필기구를 꼭 가지고 다닌다. 사진이야 휴대전화로 찍으면 되지만 들은 내용이나 정보는 적어두었다가 컴퓨터나 SNS에 정리한다. 이렇게 정리하면서 또 생각하게 되니 한 번의 발걸음으로 끝나지 않고 축적된 지식이 됨을 알 수 있다.

농가를 찾아다니다 보면 더불어 인맥도 넓어진다. 농업은 생각보다 넓은 인맥이 필요하다. 계약 재배의 경우 거래처가 단조로워지지만 생산물 자체를 유통한다면 여러 판로를 통해야 한다. 여기에 가공하는 부분까지 더해진다면 관계자들을 두루 알고 있어야 한다. 알음알음 소개받는 경우가 가장 흔하지만 좁은 네트워크상에서는 원하는 기술과 단가를 제공받을 수 없다. 공정에 따라 다른 기술이 필요할 때도 있는데 좁은 인맥에서는 그 한계가 여실히 드러난다. 이때는 직접 찾아 나서야 하는데 시간도 오래 걸리고 여러 과정을 돌아가야 할 수도 있다. 실제로 귀농하면서 오로지 1차 재배만 하겠다고 호언장담했지만 몇 년이 흐른 지금은 공장을 세워 가공, 판매까지 하는 분도 계신다. 그분에게 비슷한 종목으로 가공하는 현장을 찾아가라고 했지만 통하지 않았다. 멀다, 시간이 없다 등 자문을 구하라는 의견에 여러 핑계를 댔다. 결국 가공을 시작하는 데 엄청난 시행착오를 겪었다. 혼자만의 생각으로 혼자서 해결하겠다는 것은 어불성설이다. 인맥을 통해 단계를 뛰어넘고 과정을 축소해야 한다.

농업에 뛰어들었다면 농사짓기를 즐겨야 한다. 즐기는 방법은 여러 가지이다. 흙을 밟으며 풀을 뽑고 자라는 농작물을 보면서 흐뭇함을 느끼는 것이 최상이다. 그 즐거움은 어느 것에도 비할 바가 없다. 그러나 좀 더 풍요롭게 즐기려면 공부해야 하고, 여행해야 하고, 사람을 만나야 한다. 주변과 주위에 꽂힌 시야를 넓혀야 더 훤히 내다보인다. 그래야 원하는 대로 막힘없이 달릴 수 있다.

– 제주 강의 후 여행 중 만난 풍경(형제섬)

◆ 부자농부의 성공 꿀팁

–농업은 영원히 살아남을 가장 유망한 직군이다.

–작물의 생산량이 국가 경쟁력이 된다.

–변화를 꿈꾸고 시도할 때 더 많은 것이 보인다.

–자기만의 작물을 가져라.

–농업의 관점을 바꾸고 선입견을 버려라.

농업이 시대와 문화의 변화를 선도한다. 농업은 인류의 생존을 위한 양분 공급을 담당해 왔다. 또한 땅에서 곡물을 수확하기 시작하면서 인류는 정착했고 사회 계급이 나뉘었다. 농기구의 발전은 기술 혁명으로 이어졌고 생산량의 증가로 풍요로워진 삶에서는 문화와 예술을 꽃피웠다. 현대는 치유 개념의 농업이나 친환경농법 등으로 사회적 문제를 해결하기 위한 노력도 기울이고 있다. 사회가 다변화를 이루는 데 '농업'이 그 중추를 담당하고 있는 것이다.

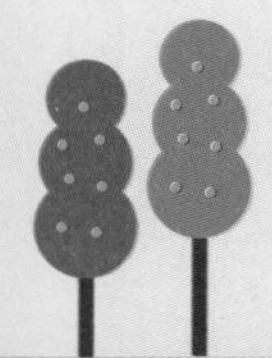

2장

변화를 두려워하지 마라

농업 변화의 주체자는 우리(농민)다

농업은 '땅에서 인간에게 유용한 동식물을 길러내는 생산 활동'이다. 인류가 이동하며 수렵이나 채집하던 시기에서 벗어나 가장 먼저 시작한 산업이기에 가장 오랜 역사를 지니고 있다. 땅을 일구고 그 수확물로 원시 시대부터 인류의 먹거리를 담당했다.

그에 따른 근거로 역사가들은 105,000년 전 야생 곡류가 수집되어 식량으로 쓰였고 정착해 농사를 짓기 시작한 것은 기원전 9,500년경부터로 보고 있다. 시조 작물은 밀이나 보리, 렌즈콩, 병아리콩이다. 우리 주식인 쌀은 기원전 6,200년경, 뿌리 작물은 기원전 7,000년경 시작된 것으로 본다. 현시점까지도 이 작물들이 경작되고 있으니 한 톨의 씨앗에 인류 역사가 담겼다고 해도 과언이 아니다. 또 하나 분명한 것은 그 맥을 현대의 농업이 이어가고 미래 세대까지 이어진다는 것이다. 아니 이어질 수밖에 없다. 사람은 먹지 않으면 생존할 수 없기 때문이다.

몇 세기를 거듭하며 시대가 바뀌고 4차 산업혁명이 일어나 문명 자체가 바뀐다 해도 농업은 변함없이 땅을 일구고 수확물을 거둬들일 것이다. 로봇이 인간을 대체한다는 전망에 사라질 직업이나 직군이 언급되고는 하는데 농업은 유일하게 영구적으로 지속 가능한 산업이다.

그럼에도 농촌은 시대의 변화에 가장 둔감하고 발전이 없다고 인식된다. 아마도 작업 환경과 과정이 예전과 비교해 큰 변화가 없기 때문으로 추측된다. 밭작물을 땅에 심고 수확하는 과정은 원시의 농업 형태와 같다. 가끔 농작물 수확 장면이 언론에 나오는데 밭에서 나란히 줄지어 고추를 따고 감자를 캐고, 배추를 캔다. 비닐하우스농법이라 해도 채소가 익은 정도를 보고 사람이 일일이 손으로 수확해야 한다. 스마트농법이라고 다르지 않다. 사람의 손을 거치지 않으면 재배와 수확이 제대로 되지 않는다. 그러기에 대중의 의식에는 시대의 변화에서 낙오된 산업으로 각인되어 있다.

그 결과 이제는 농업에 종사하려는 사람도 줄고 농촌을 떠난다. 그 자리를 외국인 노동자가 대체하고 있다. 그로 인해 농업 현장에서는 우려의 목소리가 나온다. 농업에 대한 인식이 바뀌어야 한다. 이는 국가 경제, 인류의 미래를 위해 절실히 필요한 생각의 전환이다.

자세히 들여다보면 농업도 변화하고 있다. 기본적인 작물을 심고 가꾸고 수확하는 개념은 시대를 거슬러 올라가거나 내려가도 같다. 하지만 우량종자의 개발(씨앗)과 재배 방법의 개선 및 기술 발전(재배), 가공과 유통의 다양화를 꾀하고 편리한 작업 환경에서 일하며 농민의 소득증대로 이어지고 있다. 그 변화의 과정과 현재 상황을 여기서 하나하나 짚어보고자 한다. 더불어 이번 장에서는 농업이 지향해 가는 이상적인 발전상을 모색하고 앞으로 변화될 농업의 가치를 짚어볼 것이다.

먼저, 종자의 개발이다. 새로운 품종이나 병, 기후에 강한 품종을 개량하는 일은 수확 작물의 생산에 직결되는 작업이다. 수확량과 병충해의 영향력을 좌우하지만 농민 한 사람의 개인적인 접근이 어렵다. 유전학이나 생물학, 농학의 전문지식을 갖춘 연구자가 시설이나 장비가 갖추어진 시스템이 필요하다. 대부분 농촌진흥청이나 대학 등 기관에서 정부 지원을 받아 진행하지만, 여기에는 농민의 협조와 협력이 대단히 필요하다.

농민들이 연구에 동참하고 적극적으로 나서줘야 한다. 다양한 토양과 토질에 심어 재배되는 과정에서 생기는 문제점이나 생육의 상태를 지켜보며 시중에 보급되기 전에 문제점을 찾아야 하기 때문이다. 농가에 의뢰가 들어오면 분명히 귀찮은 부분이 있다. 수시로 점검하거나 문제점을 기관에 알려야 하는 등 그 수고로움을 담당해야 한다. 하지만 '농업 발전'이라는 거시적 안목에서 보면 이는 농업의 미래 가치를 위한 일이다. 그러기에 자부심으로 임했으면 하는 바람이다.

'종자전쟁'이라는 말이 있다. 국제 협약에 따라 신품종에 지적재산권이 보호되는 것인데 국가적 이익과 직결된다. 실례로 매운 고추의 대명사인 '청량고추'의 종자 소유권은 미국 기업에 있다. 원래 우리나라 기업에서 개발하고 소유권을 가지고 있었지만 외환위기에 타국에 팔았다. 청량고추뿐 아니라 콩, 옥수수, 목화 등 매우 다양한 식물이 우리나라에서 재배되고 시판되고 소비되고 있지만 이득은 외국에 돌아가는 격이다. 반면 딸기 '설향'과 '매향'의 경우 일본 딸기를 개량해 새로운 품종으로 만들었다. 그래서 종자 소유권이 우리나라에 있다. 그러한 국산 딸기의 보급률이 96% 육박하며 생산 규모는 1조 3,000억 이상이다. 수출도 매년 늘고 있다. 이 단편적인 예만 보아도 종자 개발의 중요성을 피부에 와닿는다.

이미 선진국들은 종자 산업을 국가 신성장 사업으로 지정하고 정부 차원의 지원을 아끼지 않고 있다. 그러므로 우리나라도 종자 개발에 박차를 가해야 할 때다. 여기에 농민의 협조는 절대적으로 필요하다.

다음은 재배 방법의 개선 및 기술 발전이다. 농업의 포괄적 의미에서 보면 작물 재배에 사용되는 기술 개발은 부차적인 것으로 인식된다. 소를 이용해 밭을 갈던 것을 트랙터가 대신하고, 손수 낫으로 풀을 베던 것을 예초기가 대신하는 정도로만 보인다.

그러나 21세기 들어 재배 현장에서 이용되는 기술은 대폭 혁신되어 가고 있음을 발견할 수 있다. 농법이 바뀌고 새로운 재배 기술이 적용되고 있다. 드론을 이용한 농약 살포, 토양의 영양 상태를 모니터링해 재배 작물을 선택하는 등 여러 데이터를 모아 생산량을 높이는 데 활용되고 있다. 감초나 도라지, 지초 같은 뿌리 작물은 용기를 이용해 재배한다거나 토마토나 상추, 딸기, 수삼 등은 수경 재배로 수확 후 후처리 일손을 줄이며 비용을 절감하는 것이다. 이 외에도 여러 기술과 재배 방법이 이용되고 있는데 작물에 따라 적용되는 기술력이 다르다. 분명한 사실은 농업도 최신 기술과 과학이 적용된다는 것이다.

농업의 기술 발전은 우리(농민)가 꾀할 수 있다. 현대의 과학기술을 농업에 접목시킬 수 있는 방법을 고민하고, 이전보다 간편한 재배 방법을 연구할 수 있다. '어떻게 개선하지?' 하는 물음과 '더 좋은 방법은 없을까?' 같은 질문을 늘 품어야 한다. 개인적으로 이런 질문을 통해 뿌리 작물의 성장과 발달에 용이한 재배 용기를 개발해 특허를 받았다. 그리고 이를 농가에 확산시키고 있다. 이는 남다른 머리에서 나온 게 아니다. 농사의 현장에 내가 있었고 작물의 특성을 잘 알기에 가능했다.

예전 농업(농민)은 재배부터 수확까지만 담당했다. 추수철에 농산물을 수확하여 시장에 내다 팔면 끝이었다. 하지만 지금은 농가에서 가공까지 담당하고 유통, 판매까지 원스텝으로 이루어지고 있다. 농가에서 재배된 작물을 이용하여 가공 처리하는 공장까지 운영된다. 또한 인터넷 플랫폼을 이용하거나 로컬매장에 직접 납품하며 유통에 참여하며 농가 소득을 높이고 있다. 이 흐름에서 주체자인 농민이 생산자에만 그쳐서는 안 된다. 개인 의견이라도 적극 제안하고 스스로 연구자가 되고 개발자가 되어야 한다. 한 발 빠져 있거나 뒤로 물러나 있으면 안 된다.

원시부터 존재했던 농업이다. 다른 산업은 소멸해도 인류는 살아갈 수 있지만 농업이 없으면 인류는 존재할 수 없다. 그러한 농업은 언제나 변화를 꾀했다. 당연히 지금도 변화 중이다. 가시적으로 느껴지지 않을 뿐. 이러한 변화를 동력 삼아 오늘도 인류의 미래로 나아가는 중이다. 그 중심에 우리(농민)가 있다.

– 귀농 · 귀촌을 위한 WPL 현장 실습 교육

기후변화는 농업의 다변화를 불러온다

장마가 예고되었다. 작년과 비슷하게 시간당 30mm가 넘는 폭우가 쏟아지면서 전국적으로 큰 피해가 발생할 것으로 내다보고 있다. 아직 기억이 생생한 2023년, 장마철 집중호우 사태는 농민에게도 엄청난 재산상 피해를 주었다. 집계된 통계자료를 보면 농작물 피해 32,894.5ha, 가축 피해 797,000마리 이상이다. 여기에 산사태와 풍수해로 인한 시설물 붕괴와 파괴, 이재민까지 합하면 농촌 지역의 정확한 피해는 수치적 집계가 어렵다. 그러기에 올해는 미연에 방지하자며 국가 차원에서 연일 당부와 주의를 공지하고 있다.

주변 농가들도 분주해졌다. 하우스와 배수로를 재정비하고 경사지 토양 유실에 대비해 과채류에 지주시설을 설치하는 등, 비 피해를 막기 위해 빈틈없이 사전 철저한 준비를 꾀하고 있다. 일기예보를 예의 주시하며 장마전선이 어느 지역에 머물고 있는지, 어디로 이동할지, 비의 양은 어느 정도일지 알아본다. 어쩔 수 없이 불안과 제발 이번 장마에 피해가 없기를 바라는 간절한 마음이 교차한다.

이러한 만반의 대비에도 장마로 인한 재산 피해는 해마다 12% 이상씩 증가한다. '한반도 폭우 사태'라고 기록될 만큼 해마다 그 피해가 심각해지고 있다. 기후변화로 장마 기간이 현저히 늘어난 데 원인이 있으며, 강수량이 급격히 늘고, 기습적인 폭우가 쏟아지는 까닭이다.

장마뿐만 아니라 기후는 농사에 큰 영향을 미친다. 가뭄이나 태풍, 홍수, 대설, 한파, 폭염 등 기후변화에 따른 농산업의 타격은 심각하다. 농산물이 기후에 민감하지만, 농가에서 대응할 시설이나 기반이 취약하다. 특히 노지에서 재배되는 작물의 경우, 그 피해는 하나하나 설명하기 어려울 만큼 중대하다. 장마로 침수된 땅에서는 농산물이 그대로 썩거나 가뭄에는 말라가기도 한다. 태풍의 낙과 피해는 해마다 거듭되고 있으며 병충해는 정성껏 키운 수확물의 상품성을 떨어뜨린다. 그로 인해 오직 농업에 종사하는 사람들은 한 해 소득을 창출하지 못하고 그대로 빚더미로 떠안기도 한다. 그래서 장마가 시작되면 농민들의 시름은 깊어진다.

이렇게 변화무쌍한 기후에 대응하기 위한 농업의 시설로 디지털 농업이 뜨고 있다. 최첨단 과학기술과 농업의 만남이라고 이해하면 조금 쉽다. 농지 현장을 데이터로 진단하여 토양과 자연조건에 맞는 작물과 재배법을 추천해 준다. 기후의 예상 관측에 따른 파종 시기나 농약 살포, 수확기 등이 데이터로 자료화되어 나온다. 이에 농가에서는 이를 기반으로 작물의 재배 일정을 조율할 수 있다. 또한 드론이나 원격탐사의 첨단 공학 기술을 이용해 농업정보를 빅데이터화하여 수확량을 극대화할 방법을 제시하여 노지에서도 정밀농업을 실현할 수 있도록 돕는다. 물론 기상청의 일기예보와 수십 년에 걸친 기후의 통계를 이용한 자료라고 해서 시시각각 변하는 날씨와 완벽하게 맞아떨어지는 것은 아니다. 그럼에도 참고할 자료이니 농촌진흥청이나 농업기술센터에서 나오는 자료들을 잘 살펴야 한다.

디지털농업의 최적화된 시스템은 스마트팜이다. 작물이 자라나는 데 필요한 최적의 상태에 맞춰 온도와 습도를 맞추고 양분을 공급하여 최적, 최상의 농작물을 구현해 내기 위해 하나의 시설을 갖추는 것이다. 여기에 정보와 통신 기술까지 접목하면 원격으로 작물의 생육 환경을 관측하고 관리할 수 있다. 그로 인해 작업 환경이나 노동이 훨씬 편해지고 쉬워지기에 일에 대한 부담이 훨씬 줄어든다.

또한, 기계로 프로그램을 제어하며 재배하기에 매번 겪어야 하는 일손 구하기와 인건비 걱정에서 한시름 덜 수 있다. 이스라엘의 히브리대학 교수 하임 레헤노비치는 10~20년 내로 농업 관련 잡일은 없어진다고 했다. 규격에 맞는 시설과 장비로 로봇이나 기계가 인간의 노동을 대신한다고 보았기 때문이다. 그만큼 기술화된 농업에 거는 기대가 크다는 것이다.

실제로 이른바 동일한 재배 방식과 기술로 1년 내내 재배의 표준화가 이루어진 스마트팜에서 재배되는 작물은 성장이 고르고 우수한 품질을 자랑한다. 작물에 맞는 최적의 환경을 만들어 주기에 상시 비슷한 품질의 작물이 수확된다. 작물의 영양성분도 고르고 크기나 모양이 비슷하여 상품성을 높이는 결과까지 낳는다. 수확량은 두말할 필요 없이 노지 재배보다 두세 배 높다. 그로 인해 소비자의 호응을 받으며 농가 소득도 자연스럽게 높아지고 있다.

우리나라에서는 여러 지역에서 스마트팜시설이 운영되거나 시험가동 중이다. 그러나 아직 도입률이 전체 농가의 1.4%에 그친다는 통계자료를 보면 전체 농가의 스마트팜화는 불가능에 가깝고 근시일 내에는 요원한 일이다. 그곳의 주요 재배 작물은 딸기나 쌈 채소, 토마토, 버섯 등에 국한되어 있다는 점도 조금 아쉽다. 선진국에서는 활성화되고 장려되는 스마트팜이 왜 우리나라에서는 고전하고 있을까.

농가의 자본력이 약하기 때문이다. 스마트팜은 시설이 갖춰져야 하는데 일조량이나 물의 수급, 영양 공급까지 첨단기술의 기계와 제어장치, 설비가 필요하다. 그러나 이를 위해서는 국가나 지자체 지원이 보장되더라도 농가의 막대한 자금이 투자되어야 한다. 바로 이 자본력 때문에 소규모 농가에서는 스마트팜의 도입을 엄두도 내지 못한다. 그로 인해 일부 시설만 스마트로 전환해 시설을 갖추는 형태가 많다. 예를 들어 비닐하우스에 차광막을 올리고 내리는 단순한 설비부터 작물에 물을 주는 자동 급수시설, 온도나 습도를 제어할 수 있는 기능만 적용하는 것이다. 이 정도만 해도 농민의 일이 훨씬 수월해진다.

스마트한 기술이 농업에 적용되지 못하는 또 하나의 원인은 우리에게 시스템의 전문화된 학습이 부족한 원인이다. 스마트팜 관련해 기계 조작이나 프로그램 인지가 필수로 뒷받침되어야 한다. 이 단계에 이르려면 시스템에 대한 기초 지식과 농업에 대한 전문지식이 필수로 동반되어야 한다. 센서나 모니터링에 대한 지식까지 공부하면 더없이 좋다. 그러나 여기에는 장기적인 교육과 현장학습이 필요하다. 단순히 시범 재배를 한 번 체험해서 될 일이 아니다. 그러나 농민들의 평균 연령이 높고 첨단 설비에 대한 지식이 부족하여 이를 뒷받침하기 어렵다. 간단한 조작을 넘어 시스템의 원리를 공부하기에는 연령으로 볼 때 어려운 지점이 분명히 있다.

물론 설치 회사에서 A/S가 된다고 하나 농민도 긴박하게 돌아가는 현장에서는 오작동이나 에러에 적극 대응할 전문지식도 갖추고 있어야 한다.

이러한 문제점이 스마트팜 도입을 망설이게 한다. 현실성이 떨어지는 첨단기술로 치부하며 강 건너 불구경하듯 이 변화를 지켜보기만 할 뿐이다. 하지만 현재 선진국이나 미래형 농업은 분명 이러한 방향으로 가고 있다. 우리나라의 '우듬지팜'처럼 기업형으로 접근해 공장형 재배 방식을 채택하고 있다. 이곳에서는 완벽하게 햇빛과 바람이 차단된 공간에서 LED와 뿌리에 물과 영양을 공급하는 장치를 통해 식물을 길러낸다. 이런 시스템은 소규모 농가에서는 엄두가 나지 않는 일이다.

농업에 있어 기후변화의 대책은 시급하다. 농사는 농민에게 생계수단이자 가정 경제의 기반이다. 작물 작황의 성패에 따라 풍요로운 삶 혹은 궁지로 내몰리는 생활을 이어가야 한다. 그러나 갈수록 기후변화에 따른 자연재해는 심각해지고 있다. 기존의 방식으로는 긴 장마와 집중호우가 예고되는 시점에서 걱정이 산더미처럼 쌓이는 이유가 여기에 있다. 이에 조심스럽게 건의하자면 농가들이 지역별 협동조합을 결성하거나 마을 단위의 스마트팜 도입을 시도해 보는 것도 하나의 방법이지 않을까 싶다. 당장 시도하라는 것은 아니다. 그 목적을 가지고 함께 의논하고 교육받고, 기관의 도움을 받으며 차근차근 준비해 나가는 것이다. 농업 환경은 바뀌고 있는데 땅을 일구고 있는 우리가 두 손 놓고 있을 수는 없잖은가.

– 기관과 협력하는 국산 감초 재배 연구소

작물을 재배하며 건강까지 선물로 받자

"치유의 개념을 농업에 활용하고 싶어요. 몸이 아프면 요양원에 갈 수밖에 없는데 이제는 요양원이 아니라 농장으로 오시는 거죠. 직접 식물을 돌보며 가꾸고 수확하는 과정에 참여하며 건강한 삶까지 가꾸는 것입니다."

내가 어느 방송국 프로그램에 출연했을 때 한 말이다. 농업의 새로운 접근 '치유농업' 개념의 이야기였다. 유럽 쪽 농가에 견학 갔을 때 강한 인상을 받아 우리 농장과 회사의 장기 프로젝트로 삼아 구상 중이다.

'치유'는 병을 낫게 하는 의미인데 농업이 어떻게 병을 낫게 할 수 있을까.

우리나라는 이미 고령화 시대를 넘어 초고령화 사회에 진입 직전이다. 만 65세 이상의 인구가 전체 인구의 20% 이상이면 초고령화 사회인데 2022년 통계로 17.5%였으며 2024년 5월 기준으로 19.4%를 기록 중이다. 이 추세라면 저출산율과 맞물려 2024년 12월이면 우리나라도 초고령화 사회가 된다. 더욱 암담한 것은 65세 인구 비율이 2036년에는 30%, 2050년에는 40%, 2072년에는 무려 50%를 돌파할 것으로 내다보고 있다.

그로 인해 건강하게 오래 사는 것에 대한 사람들의 관심이 집중되고 있다. 그러나 여지없이 나이가 들수록 건강은 지키기 힘든 대상이 된다. 운동을 열심히 하고 건강식으로 식사해도 나이가 들어감에 따라 기운을 잃고 체력은 소실되어 간다.

사회에서 노인으로 취급하는 만 65세 이상이 되면 일자리 찾기도 어렵다. 간혹 나오는 일자리는 경쟁률이 치열하고 국가에서 창출한 노인 일자리도 극히 제한적일 뿐만 아니라 채용 횟수가 정해져 있고, 요일이나 시간을 정해 일해야 하기에 원하는 만큼 일할 수도 없다. 이들에게는 지속적인 건강한 일자리가 절실하다.

경증의 질환으로 몸이 아픈 노인은 요양원에서 생활한다. 각 요양원마다 프로그램이 진행되고 있지만 소소한 신체활동은 체조나 산책에 머물러 있다. 위험성을 우려하여 외부 체험 활동을 하지 못하는 것이다. 그러나 요양원에 계신 어르신은 비교적 소일거리를 할 만큼의 체력은 가지고 있다. 다만, 케어해 줄 보호자가 없어 요양원에서 지내는 경우가 많다. 이들에게는 신체적 활동을 즐길만한 공간이나 일거리가 필요하다.

'치유'의 개념에는 신체적 치유를 떠올리는 노인 건강과 더불어 정신적 치유도 포함된다. 현대는 치열한 경쟁에 내몰리고 자본주의, 인간관계에서 많은 스트레스를 받는 게 일상이다. 그로 인해 정서나 심리, 인지에 장애가 많이 생긴다. 쉼이 필요하지만 현실에서 벗어나 온전한 쉼을 얻기란 불가능에 가깝다. 이런 분들은 휴일이 되면 야외로 나가 힐링을 즐기고자 한다. 그러나 이마저 시간적, 경제적, 정신적으로 여유롭지 않을 때가 많다. 그로 인해 우울증이나 공황장애 등 정신 질환을 앓는 경우도 많다. 이럴 때 자연과 함께할 수 있는 공간이 있고 작은 성취감까지 느낄 수 있다면 이들에게는 금상첨화이다.

바로 위에서 언급한 대상, 즉 어르신이나 신체적 정신적 여유를 찾고 싶은 이들에게 치유농장이 답이다. 채소와 꽃 등 식물뿐만 아니라 가축 기르기 등 농업을 활용하여 직접 식물을 심고 가꾸고 관리하고 수확하는 일까지 체험하는 것이다. 병원이나 여행 대신 농촌 체험, 농장 체험하면 공감 능력이 높아지고 공격성은 감소한다는 연구 결과가 있다. 정서지능 능력도 되살아나고 우울증이나 부정적 감정은 줄어들고 자아존중감은 향상된다고 한다.

이를 아는 유럽의 국가들은 'Carefarm(치유농장)'을 운영하며 여러 기관과 연계로 활용도를 높이고 있다. 요양원에 장기 입원 중인 환자들이 일주일에 한 번 치유농장에 방문하여 콩을 따거나 풀을 뽑는다. 호박이나 오이도 따며 자신의 역할이 있음을 확인한다. 정기적인 방문으로 식물이 커가는 과정을 직접 보며 기쁨을 누린다.

또한 장애인들이 와서 작업하기에도 좋다. 장애인은 산업화된 시스템 안에서 배제되고 소외되기 쉬운데 치유농장에서는 풀을 뽑거나 식물에 물을 주고 수확을 거든다. 감자를 캐거나 고추를 따는 일, 상추를 뜯고 옥수수를 딴다. 어떤 일에 자신의 품으로 해보고 기쁨을 얻는 것이다. 발달장애나 자폐, 공황장애처럼 사회적 관계에 어려움이 있는 사람에게는 특별히 유익한 활동이다. 흙이 키워낸 곡물을 보며 땅의 힘을 느끼고 스스로 성취감을 느끼며 정서적 감정을 회복해 갈 수 있다.

네덜란드에서는 도심 한가운데 공유지에 텃밭을 가꾸고 있다. 이들은 버젓이 직장을 가지고 있지만 남는 시간이나 생각이 필요한 시간에 찾아와 필요한 일을 한다. 이곳을 찾는 직군들도 다양하여 소통의 장이 되어주기도 하고, 길러낸 먹거리를 나누며 작물을 키운 주체로 즐거움을 만끽하고 있다.

물론 치유농장에는 체계화된 시스템이 필요하다. 노인이나 노약

자에게 뙤약볕 아래에서 허리를 숙이고 작업하는 일이나, 장애인이나 학생에게 밀집된 다루기 힘든 채소나 작물을 맡기면 안 될 일이다. 아직 우리나라에서는 개별적 소규모 단위로 '치유농장'이 운영되고 일회성 체험 활동에 그치고 있다.

치유농장은 장기적 계획과 거시적 안목으로 접근해야 한다. 이를 위해 차근차근 준비해야 한다. 이를 위해 그들이 손쉽게 재배하고 가꿀 수 있도록 농사 도구나 재배 방법을 개선해야 할 일이다. 작업 환경도 열악하면 오히려 역효과를 낼 수 있다. 연령과 신체활동을 고려한 노동 환경을 만들고 조성해 가야 한다.

더불어 이들이 1년 단위 농작물을 수확할 수 있도록 해주면 더욱 유용하다. 길러낸 작물이 소비되도록 하면 몸과 정신을 치유하며 소득까지 창출할 수 있다. 건강 회복을 위한 수단으로 농업이 활용되는 것이지만 결국은 '더불어 사는 농업의 활용(생산적 복지)'이라는 의미로 다가갈 수 있다.

흙은 씨앗을 키우고 열매를 맺어 결국 인간까지 키우는 힘을 가졌다. 그러기에 흙에서 노니는 농사 체험은 인간의 마음까지 회복시켜 주는 위력을 지녔다고 믿는다. 그러기에 치유농업은 가장 진화된 **생산적 복지의 구현**이다.

– 은퇴자와 함께하는 치유농업

땅을 살려야 땅에서 살 수 있다

지금, 이 순간에도 탄소발자국이 기하급수적으로 찍히는 중이다. 지구온난화의 주범인 이산화탄소의 총량이 수만, 수백, 수천 개의 발자국으로 전 세계를 뒤덮고 있다. 우리가 활동하거나 상품을 생산, 소비하는 과정에서 직간접적으로 발생하는 것이니, 한 끼 식사, 옷, 생필품, 이동 등 생활의 모든 영역이 탄소발자국과 연결되어 있다. 이 탄소발자국을 무시할 수 없는 이유는 기후변화와 연결되고 더 멀리는 지구의 미래와 이어지기 때문이다.

탄소발자국을 줄여야 한다는 경각심은 누구나 가지고 있다. 그럼에도 기본적인 소비활동을 줄일 수 없는 문제라 모두 자신에게서 멀리 떨어진 이야기로 듣는다. 환경에 대한 문제의식은 있지만 불편을 감수하면서까지 실천하고 싶지 않다는 생각이다. 탄소발자국을 현저히 줄일 수 있는 수입품, 수입 농축산물, 일회용품의 경우 더 편리하니까 이용하고 더 싸고 맛있고 색다르다는 이유로 찾는다. 그로 인해 한때 탄소발자국을 줄이자는 캠페인을 벌였지만, 지금은 유야무야 흐려졌다. 그야말로 신토불이가 지구 환경도 살리고 나라 경제도 살리는데 이 벗어남이 아쉬울 뿐이다.

이런 환경의 문제는 우리 농업에 직접적인 영향을 미친다. 특히 토양 환경은 작물의 재배와 직결되기에 많은 부분 관심을 가지고 친환경적 요소를 찾아 실천해야 한다.

지금까지 농업은 생산량을 늘리기 위해 밭을 갈고 화학비료를 영양제처럼 이용하며 농사를 지었다. 화학비료는 작물의 생장을 촉진할 수 있는 질소, 인, 칼륨과 같은 화학물질을 인위적 합성하여 조제하고 생산한다. 밭이나 논에 뿌려지면 작물을 더 빠르고 크게 자라게 함으로써 생산량을 증대시키는 효과를 낸다. 그러나 화학비료는 토양의 산성화, 수질오염, 대기오염의 원인이 된다. 이런 문제점 때문에 화학비료나 농약을 덜 사용한 '유기농' 작물이 유통된다. 그러나 농가들은 한목소리로 말한다. 병충해에 대처하고 수확량을 늘리기 이러한 화학 제품을 '전혀' 안 쓰고는 농사지을 수 없다는 것이다.

여기에 대한 대안으로 '탄소농업'을 얘기해 보고자 한다.

탄소는 공기 중에 있으면 오염의 주범이지만 땅속에 있으면 흙을 기름지게 만든다. 그래서 탄소농업의 정의는 '이산화탄소를 토양에 흡수시켜 토질을 개선하고 탄소의 배출을 최소화하는 농업 방식'이다. 쉽게 풀어보면 작물을 수확한 후 그 잔여물을 땅에 묻어 토양의 양분으로 이용하는 것이다. 거름을 만드는 과정을 생각하면 쉽다. 잔여물이 분해되는 과정에서 미생물이 활동하는데 이때 탄소가 생성된다. 이를 덮인 흙이 탄소를 토양에 가두는 효과를 낸다. 이렇게 탄소가 풍부한 흙은 비옥토가 된다. 유기물 그 자체가 땅을 기름지게 하는 것이다.

탄소농법을 더 적극적으로 활용하기 위한 몇 가지 방법을 소개하겠다.

먼저 논이나 밭을 가는 것을 최소화하면 더 좋다. 밭을 갈면 토양이 부풀어 올라 흙 사이 공간이 많아져 장점이 많기는 하다. 작물이 흙 속 수분을 흡수하는 데 용이하고 양분 흡수의 공간 확대로 뿌리가 잘 생장할 수 있다. 그래서 이제까지 경운은 농사의 불문율이었다. 그러나 밭을 갈지 않으면 이전의 작물 잔해가 피목 작물처럼 땅이 마르는 걸 막아준다. 또한 비가 내리면 그 작물의 잔해가 수분을 그냥 흐르게 두지 않고 땅에 머금고 있으며 흙이 촉촉하도록 유지시킨다. 그로 인해 미생물의 번식이 자유로워 탄소 기반 화합물인 유기 화합물을 생성해 내는 것이다.

이를 위해 씨를 뿌릴 때를 제외하고는 어떤 흙도 건드리지 않는 게 가장 이상적이다. 작물을 수확한 뒤에도 그 잔여물들을 그대로 흙에 덮어 두면 된다. 실제로 무경운농업을 시행하는 미국의 농가들의 수확량은 크게 증가했다.

다음으로 같은 농지에서 두 종류 이상의 작물을 기르자. 한철 수확이 끝난 토지를 다음 경작 시까지 놀리지 않고 다른 작물을 심는 것이다. 이는 앞서 말한 피복작물을 심어 토양에 수분을 유지하기 위함이다. 식물은 광합성을 통해 이산화탄소를 받아들이고 산소를 배출한다. 이때 식물은 이산화탄소를 뿌리에 전달하며 흙으로 흘려보낸다. 이렇게 흙으로 보내진 이산화탄소는 흙 속 유기물과 함께 토양을 기름지게 한다. 흙의 보호막처럼 덮어 보호하는 것이라고 보면 이해가 쉽다. 그렇다고 금방 공기 중 탄소 감축을 가져오는 것은 아니며 토양이 한해 사이에 바로 비옥토가 되는 건 아니다. 몇 년, 혹은 몇십 년 걸리기도 한다. 하지만 지구 환경을 위해 꾸준히 노력해야 한다.

이 외에도 한 농지에서 두 종류 이상의 작물 바꾸며 재배하기, 가축 분뇨나 식물의 잔재를 퇴비로 사용하기 등 실천할 수 있는 탄소농법이 있다.

많은 이점에도 불구하고 탄소농법은 아직 우리나라에서는 생소

하고 많이 알려지지 않아 적용되지 않는데 유럽과 미국에서는 이미 이행되고 있다. 유럽에서는 퇴비를 쓰는 유기농법 비중을 25%로 높이는 것을 목표로 이산화질소 발생을 최소화하고 있다. 또한 공동농업정책(CAP) 계획에 포함해 EU는 농업직불금의 25%를 탄소농업에 지원한다는 발표도 했다. 미국은 휴경과 밭을 갈지 않는 무경운(No-till)농법에 적극적이다. 인공 비료나 농약을 최소화하면서 경운 작업을 하지 않고 천연 비료와 생물 제어법으로 지속 가능한 농업으로 작물을 재배하는 것이다. 국제연합식량농업기구(FAO)는 탄소농업을 '기후스마트농업'이란 개념에 포함해 탄소저장농법을 확산시키고 있다.

한국의 탄소농업은 이제 걸음마 단계다. 몇 년 전부터 정부에서도 관심을 가지고 적극적으로 나서고 있다. 자발적 온실가스 감축사업에 참여할 농가를 모집하고 저탄소농법을 교육하며 현장을 모니터한다. 농가가 저탄소농업기술을 이용해 온실가스를 감축하면 정부가 인증하고 t당 1만 원의 인센티브를 지급하는 제도도 마련되었다. 그러나 아직 가야 할 길이 멀다.

무엇보다 우리 농민이 토지를 보전하고 미래를 위한 지속 가능한 농업이 되도록 힘을 기울일 때다. 기후변화로 직접적으로 가장 큰 타격을 입는 분야가 우리 농업이지 않은가. 농업에 무관심해지지 말자.

– 제주 유기농업 농장

보폭이 넓을수록 멀리 나갈 수 있다

농업의 반경이 넓어지고 있다. 더불어 농민 활동의 보폭도 커지고 영역도 다양화되는 중이다. 예전에는 1차 재배에 국한되어 있던 농업의 개념이 2차 가공, 3차 서비스까지 확대되어 이제는 6차 산업으로 확장되었다. AI의 발달로 사회는 4차 산업혁명 시대를 운운하지만 농업은 그보다 앞서 6차 산업의 길을 걷고 있다.

6차 산업이란 1차 농림수산업, 2차 제조 · 가공업, 3차 유통 · 서비스업을 융복합한 산업을 말한다. 이 개념은 1990년 중반 일본의 농업경제학자 이마무라 나라오미(今村奈良臣)가 처음 주창했는데 농산물을 생산만 하던 농가가 고부가가치 상품을 가공하고 향토 자원을 이용해 체험, 교육프로그램 등 서비스업으로 확대하여 높은 부가가치를 발생시키는 것을 말한다. 우리나라에서는 '농촌융복합산업'이라 불린다.

농사를 짓는 우리 농업인은 작물 재배를 업으로 삼아 살고 있다. 재배부터 수확까지 날씨와 싸우고 병충해와 다투며 정성을 다해 기르고 거둔다. 그러나 생산물을 유통, 소비하는 문제에서 난관에 부딪힌다. 시간과 노력에 비해 소득은 턱없이 적다. 중간 유통업자를 통한 매매는 수확물을 일괄로 매도할 수 있다는 장점이 있지만 그만큼 가격 책정에서 농민이 불리해진다. 경매로 넘기는 경우도 비슷하다. 하지만 생산된 농산물을 오래 저장할 수 없고 신선도를 위해 빨리 소비하는 게 유리한 농민은 울며 겨자 먹기로 중간 유통단계를 이용할 수밖에 없다.

로컬이나 인터넷, 시장을 통한 농산물 직거래 판매도 있다. 소비자는 싼 가격에 구매할 수 있고 품질을 보고 선택할 수 있으며 원산지나 생산자를 직접 확인할 수 있어 상품의 신뢰를 높인다. 그러나 판매를 장담할 수 없고 배송 문제나 소비자 불만에 빠르게 대처할 수 없다는 단점도 있다. 가공되지 않은 농산물의 경우 전량 소비가 안 될 경우 시들거나 상품의 가치가 떨어져 농민의 부담이 된다.

이러한 문제점의 피해를 줄이고 더 나아가 소득을 증대시키기 위해 농민이 생산한 작물을 가공하는 것까지 담당하면 좋다. 세부적으로는 1차 가공, 2차 가공 등으로 나뉜다. 1차 가공은 즙을 짜는 것부터 세척이나 건조와 절임 등 단순하지만 한 번 더 농민의 손을 거치는 과정을 말한다. 이는 자본이 적게 투자되지만 작물을 생물 그대로 유통하는 것보다 소득이 커지고 유통기간도 훨씬 길어져 판매에 용이하다.

다음 가공으로 착즙과 추출, 분말 등 작물로 상품성이 있는 제품을 생산하는 것이다. 1차 가공보다 한 단계 더 제조 단계를 진행하게 된다. 이때는 가공의 정도에 따라 여러 과정을 거쳐야 하며, 상품 등록을 위한 절차도 밟아야 한다. 만약 처음 시도한다면 어려움이 있을 수 있지만 한 번 등록하고 제품화시키면 소비자들이 알아서 찾아주는 상품이 되기도 한다. 필요한 모든 과정의 기계를 들여야 하는 것도 아니다. 관련 기관에 알아보면 적은 작물을 가공해주는 업체를 찾을 수 있다. 이들과 협업을 통한 제품 생산으로 높은 부가가치를 창출하며 다양한 제품에 도전할 경우 기업화도 가능하다. 그러기에 우리 농가에서도 충분히 도전할 만하다.

농가에서 제품을 만들었을 때 판로를 고민하는 경우가 많은데 이 또한 기관의 도움을 받을 수 있다. 요즘은 인터넷 플랫폼에 올리면 소비자들이 찾아서 구매하기도 한다. 제품의 특장점을 잘 홍보하면 정보화 시대의 맞춤형 판매 전략을 세울 수 있다. 또한, 앞서 이야기한 작물의 유통 경로를 이용하면 더 즉각적인 소비자의 반응을 불러올 수 있다.

6차 산업의 핵심은 3차 서비스에 있다. 농업과 3차 산업의 서비스는 그 간극이 지나치게 커 보인다. 그러나 조금만 확대하고 연결해 보면 농가에서 소비자나 이용자에게 제공할 서비스는 무궁무진하다. 대표적인 예가 농가 체험프로그램이다. 현대는 국토의 절반 이상이 도시화되면서 농촌이 협소화되어 가고 있다. 하지만 자연과 흙의 영향력을 직접 경험하고자 하는 도시민들은 늘었다. 도시를 벗어나 작물을 심고 가꾸고 수확하는 과정에 손수 참여해 보고 싶은 것이다. 이들은 도시 생활에 지친 몸과 마음을 치유하고자 하기도 한다. 그래서 멋진 휴양지보다 농촌의 농사 현장을 찾아 힐링하기를 원한다. 이들에게 숙박과 먹거리, 다양한 체험을 제공하며 서비스업을 키울 수 있다. 이는 개인적으로 접근하는 것보다 마을 공동체 사업으로 운영되면 홍보나 이용객들에게 더 풍부한 즐길 수 있는 거리를 제공할 수 있다. 현재 그렇게 운영되는 마을이 다수 있다.

또 다른 서비스는 교육이다. 농가에서 수확한 작물을 이용한 음식이나 일상에 필요한 용품 만들기 등 근교의 지역민들이나 학교, 유치원, 복지시설 및 단체나 기관을 상대로 교육프로그램을 운영할 수 있다. 농가에서 재배한 작물을 이용하며 소비도 촉진하고 활용도와 부가가치를 높여 농가의 경제를 활성화할 수 있다.

또한 재배한 농산물을 이용하여 음료나 쿠키, 빵 등을 결합해 팔 수 있는 카페나 음식점을 결합해 운영해도 좋다. 체험이나 교육프로그램에 참여한 사람들의 구매와 소비를 촉진하며 좋은 이미지로 기억될 수 있는 쉼을 제공하고 추억을 쌓은 장소로 기억되게 한다.

이처럼 '농촌융복합산업'은 농촌 지역의 유·무형의 자원을 서비스업과 결합하여 운영하는 것이다. 농촌은 버릴 것이 하나도 없고, 이용되지 못할 장소가 없으며, 사람들과 자연이 더불어 살아가는 환경을 자원으로 가지고 있다. 이러한 볼거리, 먹거리, 서비스를 제공하며 농가 소득을 극대화하고 잘 사는 농촌을 만들어 갈 수 있다.

농촌융복합 인증은 지역 농산물을 사용하는 농촌융복합산업 경영체 중 성장 가능성, 기존 제품과의 차별성, 사업가 마인드 등 까다로운 심사를 거쳐 정부가 인증한다. 3년마다 자격요건을 검증하기에 지속적인 관리가 필요하다. 쉽게 인증되지 않은 만큼 노력하면 기대 이상의 부가가치가 창출되고 무한한 성장 가능성을 가진 산업으로 우리 농민이 키워갈 수 있다.

– 농촌융복합산업 사례–보롬왓

국내외 6차 산업 사례

1. 일본 '모쿠모쿠팜'

모쿠모쿠팜의 정식 명칭은 이가노사토 모쿠 모쿠 테즈쿠리팜이다. 한국의 6차 산업을 추진하거나 추진하고 싶은 지역과 농업경영체, 농민들은 이곳 농장을 벤치마킹하고 있다. 2008년 공무원 재직 시절 처음 방문했는데 이제는 수시로 방문하며 농업의 길을 찾고 해답을 얻는다. 농업의 선순환 방식이 가장 잘 이행되는 곳이라 여기기 때문이다.

2. 경남 통영 '나폴리농원'

경남 통영 한려해상국립공원 내 미륵산 중턱에 위치한 편백나무 숲속 나폴리농원이다. 한국의 나폴리로 불리며 편백나무 숲길을 맨발로 걷는 맨발치유체험과 비누 만들기등 다양한 즐길 거리가 있다. 편백나무를 활용해 만든 다양한 상품들도 판매되며 찾는 사람들의 몸과 마음, 정신까지 만족하게 만든다.

그 결과, 1년 동안 농원을 찾는 사람의 수를 생각해 보면 체험프로그램에서만 한 달 평균 약 1억여 원의 수익이 나온다.

3. 제주특별자치도 '보롬왓'

제주특별자치도 표선면에 위치한 보롬왓이다. 제주에서 농업의 선진지 견학지로 유명하다. 계절마다 다양한 꽃들이 피고, 특히 삼색버드나무(플라밍고셀릭스나무)가 아름답다. 생산 중심의 농업에서 경관 중심의 농업 그리고 재배한 밀을 활용한 상품개발과 카페 운영 등 다양한 체험 거리와 볼거리가 있다.

4. 충남 당진 '백석올미마을'

이곳은 '할매들의 반란'으로 알려져 있다. 올미 마을에는 10만 그루가 넘는 왕매실 나무가 있다. 이 매실을 이용하여 한과 같은 다양한 상품과 체험을 제공한다. 농촌공동체 모범 마을임을 자부한다.

2011년 33명의 조합원으로 시작했는데 현재는 매출 10억 원 이상, 80명 조합 구성원으로 성장한 마을기업이 되었다. '서로 위하는 마음, 서로 도와주고 있다는 마음, 이런 마음이 모여서 주인의식을 갖고 서로를 위해서 하나의 공동체를 만들어 가는 곳'이 올미마을이다.

5. 기업형 6차 산업 고창 '상하농원'

상하농원은 매일유업의 공장이 있는 곳으로 전북특별자치도 고창군에 있다.

상하농원의 누리집(홈페이지)에는 넘쳐나는 먹거리 속에 우리 아이들에게 먹거리에 대한 소중함과 어머니의 맛을 알려주기 위해 저희는 상하를 찾았고, 마을을 꾸렸다고 나온다. 사계절, 이십사절기 풍요로운 자연에 순응하고, 안심할 수 있는 건강한 먹거리를 생산하는 젊은 농부의 마음을 전달하겠다는 것이다.

6. 약용작물을 활용한 6차 산업의 답안 '케어팜'

전북특별자치도 익산시에 위치한 케어팜은 "Come&See"

구체적인 내용은 이 책의 5장에서 소개한다.

◆ 부자농부의 성공 꿀팁

–농업이 문화의 발전을 선도한다.

–자신이 손 쓸 수 없는 문제에 손 놓고 있지 말자.

–농업에서 생산적 복지가 완성될 수 있다.

–땅을 살려야 인간이 풍요로워진다.

–농업보다 농촌융복합산업(6차 산업)으로 가자. 농사업이 답이다.

농업, 농촌, 농민에 대한 국가적 지원이 다양하다. 그럼에도 농가나 농민은 그 혜택을 다 소화해 내지 못하고 있다. 정보가 부족해서 혹은 준비가 덜 되어 있어서 눈앞에서 놓치고 만다. 국가나 지자체에서 지원받으려면 무엇을 어떻게 준비해야 할까. 유비무환(有備無患)이다. 미리미리 유용한 정보와 공모에 지원하는 방법을 알아두자.

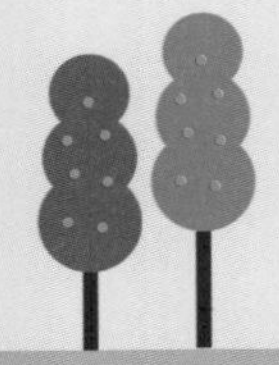

3장

기회는 준비된 자에게 온다

푸른 초원 위에 집을 지으려거든 각오부터 다져라

'시골에 내려가 농사나 지어볼까?'

도시의 지친 삶에서 벗어나 전원생활을 꿈꿀 때 드는 생각이다. 땅을 일구고 작물을 심어 수확하며 풍성한 기쁨을 누리는 생활을 그린다. 치열한 경쟁과 실적의 압박, 살아남기 위한 투쟁에서 벗어나 한적한 곳에서 시간 여유도 즐기며 유유자적 살고 싶은 소망이 바탕에 깔려 있다. 그야말로 "저 푸른 초원 위에 그림 같은 집을 짓고, 사랑하는 우리 님과 한 백 년 살고 싶다."라는 노랫말처럼 살기를 원하는 것이다.

이들을 만나보면 모두 "큰 욕심 없다.", "그저 우리 가족 먹고살

정도만.", "안전한 먹거리를 내 손으로 직접 재배하고 싶다." 등 비슷비슷한 포부를 밝힌다. 무척이나 해맑게!

귀농 귀촌을 검색하면 많은 정보가 뜬다. 각 지역에서 여는 '귀농 · 귀촌 교육'까지. 이러한 교육은 대도시를 중심으로 교육생을 모집하고 견학 및 체험프로그램을 진행한다. 빈집을 일정 기간 빌려주고 지역에서 살아보도록 하는 지자체도 있다. 이러한 시도는 농촌과 농업을 이해하고자 하는 참여자와 농촌의 인구 유입과 지역의 활성화를 위한 지방자치단체의 노력과 맞물려 큰 호응을 받고 있다.

물론 귀농 · 귀촌 교육에 참여한다고 당장 모두 농사를 짓지는 않는다. 단순히 정보를 알아보고자 하는 사람도 있고, 노후의 삶을 설계하고자 참여하지만, 실질적으로 귀농과 귀촌을 선택하는 사람은 적다. 그럼에도 은퇴 후 고향에 돌아와 살겠다는 의지나 도시 생활에 실망하거나 실패한 사람들, 농업을 기반으로 사업을 하려는 사람들이나 농촌의 비전을 본 청년들로 인해 농사짓는 일에는 꾸준한 관심이 몰리고 있는 것은 사실이다. 그러나 단언컨대 농사는 '농사나 지어볼까.'라는 생각으로 임하면 백이면 백, 실패하고 다시 도시로 돌아간다.

단순히 농촌 지역으로 이사를 와 살겠다는 귀촌과 농사를 짓겠다는 귀농은 조금 다른 문제다. 귀촌은 자신이 도시에서 하던 일을 계속 유지하면서 생활 환경만 옮긴 것이고 귀농은 업종을 농사짓기로 선택하고 농촌으로 돌아와 땅을 일구는 것이기 때문이다. 그러므로 '귀농'은 섣불리 결정하면 안 되고 몇 가지 주의할 점을 알아두어야 한다.

누구나 지을 수 있는 농사이지만 철저한 준비와 계획이 따라야 한다. 1, 2년이 아니라 3년 이상 장기간 숙고하고 신중하면서도 계획적으로 정보를 수집해야 한다. 농사를 짓기 위해서는 고려해야 할 사항이 너무도 많기 때문이다.

첫째, 어떤 작물을 얼마나 심을까.

작물의 종류는 무궁무진하다. 각지역별 특색이 있는 작물들이 있기는 하다. 강원도 산나물, 완주 생강, 논산 딸기, 익산 감초, 성주 참외, 평창 배추, 영월 고추, 청송 사과, 울산 미나리처럼 각종 과일과 채소의 주 생산지가 있다. 그러나 꼭 그 지역에서 그 작물의 농사를 지어야 하는 것은 아니다. 기후와 환경 조건에 따라 잘 자라는 작물이 있지만 영향을 받지 않는 작물도 있다. 문제는 자신의 체력과 노동력을 고려하여 통제 가능 범위에 있다. 단순히 재배하기 쉬운 작물, 소득이 되는 작물을 찾으면 안 된다. 소득은 높으나 재배가 어렵고, 재배는 간단하나 소득이 일회성에 그치기도 하기 때문이다.

작물을 고를 때 마트에서 구입하는 것과 비슷한 심정으로 선택해서는 안 된다. 보기 좋고 간단해 보인다는 생각으로 접근해서도 안 된다. 심기만 하면 따기만 하면 수확할 수 있는 작물은 하나도 없다. 관리하고 상품으로 만들기 위해 최선의 공을 들여야 한다. 강의 때 자주 하는 말로 "작물은 농부의 발걸음(발거름)을 먹고 자란다."라고 한다. 그만큼 작물의 특성을 이해하고 손 가는 일을 도맡아야 한다. 일손을 고용하며 처리할 수 있지만 주인이 직접 해야 하는 일이 더 많으며, 직접 재배해 보아야 일꾼에게도 일을 시킬 수 있다. 강 건너 불구경하듯 바라보면서 남의 손에 맡겨 해결할 수 없다.

귀농할 때 어느 정도 각오하고 농업을 준비하지만 현실에서 맞닥뜨리는 노동의 강도는 훨씬 더 세다. 그러므로 작물의 특성을 잘 알아보고 재배 면적을 정해야 한다. 작물과 면적이 정해지면 소득도 예상할 수 있다. 투자 금액 대비 타당한 금액인지, 얼마나 재배해야 원하는 소득을 얻을 수 있는지 알게 된다.

둘째, 어디에 어떤 방식으로 심을까.

작물의 재배 방법은 다양하다. 노지 재배를 기본으로 하고 있지만 비닐하우스, 스마트팜이나 용기 재배 등 다양한 기술력이 가미된 농법들이 있다. 농장에 체험 가면 직접 재배 현장을 보며 적용된 방식을 볼 수 있다. 그러나 노지 재배를 제외하고 시설 비용이

든다. 비닐하우스만 해도 평당 단가가 매겨진다. 여기에 물 주기나 환기시설 등을 포함하면 비용이 급격히 늘어난다.

그러나 한번 시설해 두면 몇 해에 걸쳐 추가 비용이 들지 않는 경우가 많다. 물론 한 해용 소모품으로 사용되는 도구도 있다. 그러므로 이러한 부분들을 세심히 따져 초기 비용을 산정해야 한다. 땅 가격이나 시설 비용이 가장 관건인 이유이다. 여기에 감가상각이 들어가면 2~3년에 한 번씩 이용시설을 증개축해야 한다. 이를 반드시 고려하고 꼼꼼하게 따져야 정확한 귀농의 자금을 뽑을 수 있다.

개인적으로 감초나 도라지, 황기나 지초 같은 뿌리 작물을 용기 재배하고 있는데 한 번 사용한 용기를 재활용해 반영구적으로 사용할 수 있다. 이런 경우 시작하는 시점에서 많은 비용이 투자되지만 이후 들어가는 비용이 적어 용이한 점도 있다. 그러므로 어디에 어떤 방식으로 농사를 지을지 고민하는 부분에서는 매우 구체적이고 철저한 계산이 뒤따라야 한다.

또 하나 덧붙이자면 귀농 · 귀촌을 '어디'로 정할 것인가 하는 문제도 비중 있게 결정해야 한다. 사람들 대부분이 무조건 '고향'을 먼저 떠올리는데 이는 권하고 싶지 않다. 정서나 감정적으로 편안하고 지역민과 유대감을 형성하기에 유리한 지점이 있으나 작물 선택의 제한이 생길 수 있다. 친근한 지역민이라 생각했지만 의외로 인간관계에서 더 어려워하는 사람도 있다. 그러므로 고향을 우선 지역으로 선택하지 말고 폭넓은 시선으로 자신이 귀농하기 좋은 곳을 선정하는 것이 바람직하다.

셋째, 장기적인 계획을 세우자.

농사는 보통 한 해 수확물로 소득을 내지만 농사업으로 전환할 때는 1년, 3년, 5년, 10년 이상의 장기 플랜을 세워야 한다. 주먹구구식 계획이 아니라 작물 연구와 농업의 방향을 보고 들으며 주기적으로 교육받아 목표를 세우고 농장을 키워가는 과정을 담은 단계가 필요하다. 장기적 목표가 생기면 그에 맞춰 공부하고 노력하게 된다. 성공 사례들을 답습하며 자신의 꿈을 더 크게 가질 수 있다.

이렇게 목표를 세워두면 당장 눈앞의 현실만 보던 시야가 확장되고 나아갈 길이 보인다. 가공이나 유통 판매 등 재배 외적인 부분까지 관심을 가지고 추진할 수 있다. 그로 인해 한 해 농사에 일희일비하는 게 아니라 농업에 대한 자부심과 꿋꿋한 의지를 되새기게 된다. 이는 농업의 성공 마인드로 강력한 동기부여와 에너지로 치환된다.

농사는 하나의 과정, 한 단계 절차를 이행하며 나아가는 게 아니라 전체적인 안목에서 세심한 심혈을 기울여야 하는 총체적이면서 거시적 일이다. 이를 위해 정보를 체계적으로 수집해야 하며 직접 발로 뛰어 현장에 가보아야 한다. 그래야만 진정한 귀농 · 귀촌의 성공 사례로 남을 수 있다.

– 격리상 재배법을 이용한 감초 재배

무대에 오르고 싶다면 절실해지자

농장에 현장 실습생들이 방문했다. 이들은 차에서 내리는 순간부터 왁자지껄하다. 1박 2일 동안 감초의 생산부터 재배 및 제품 가공까지 생동감 넘치는 현장을 볼 수 있다는 기대에 들떠 있는 것이다. 더불어 까다로운 심사 기준에 맞춰 현장 실습 교육장으로 선정되었으니 그만의 노하우를 전수받고 농사업자로서 꿈을 키우는 것 아닐까. 언제나 그렇듯 교육생들의 눈빛은 호기심과 의욕에 불탄다. 덩달아 강의하는 나도 에너지가 솟는다. 내 입에서 나오는 한 마디가 이들에게 비전이 되고 꿈이 되기 때문이다.

이렇게 청년후계농과 농업에 꿈을 꾸는 이들이 찾는 현장 실습 교육장 WPL(Work Place Learning)은 신규 농업인을 위해 농림축산식품부에서 지정하고 운영하는 프로그램이다.

청년후계농에 거는 기대는 국가 차원에서 이루어진다 해도 과언이 아니다. 농업인이 줄고 있다는 보도나 농촌 지역의 소멸 예고는 어제오늘의 일이 아니다. 농업과 농촌이 언론에서 주목받으며 국가의 과제가 되었다. 여기에 맞물려 지자체에서도 지역과 농업의 활성화를 꾀하고 있다. 여러 정책이나 지원이 활발해지면서 농업, 농촌, 농민을 살리기 위한 심폐소생술이 진행 중이다. 그중 하나가 '청년농업인' 지원사업이다.

먼저 청년농업인 지원사업은 일반적으로 '청년후계농'이라 부른다. 농업에 뜻이 있는 젊고 유능한 청년의 유입을 위한 정책이다. 생활자금부터 창업, 농지, 주거까지 청년농업인의 영농정착을 위한 국가사업인 셈이다. 선정 규모 또한 만 18세 이상 40세 미만으로 예비 농업인 및 독립 경영 3년 이하 농업인이 그 대상이다. 전국 5,000명이 선정되는데 최대 5억까지 저금리로 대출이 가능하다. 이 대출금의 사용 용도가 '농지 구입'이나 '임차', '시설 설치', '농기계 구입' 등으로 제한적이기는 하지만 농업을 위한 초기 자금이 저금리 이자로 대출할 수 있어 농사를 짓기 위한 초기 투자 비용에 대한 부담을 줄일 수 있다. 이를 기반으로 자금 부담 없이 농사에 전념할 수 있는 기반이 된다.

이에 따른 의무 사항이 있기는 하다. 교육이나 지원금의 성실한 사용, 전업적 영농이나 경영 장부 기록, 의무 영농기간 준수 등 까다로운 조건이 붙는다. 이는 국민의 세금으로 순수 농업 발전을 위해 지원되는 사항이기에 까다로울 수밖에 없다고 이해하면 된다.

그럼에도 실질적으로 지원 받기가 쉽지 않은 것 같다. 경쟁률이 치열해서가 아니라 여러 조건의 제약으로 최대의 지원금을 받기는 어렵다는 볼멘소리가 나온다. 최대 5억을 연 1.5%의 저리(낮은 이자)로 대출해 준다고 하지만 개인의 담보가치 및 신용 상태에 따라 대출 금액이 달라진다. 또한, 대출 취급 기관(은행이나 농협 등)의 평가에 따라 결정된다. 그러기에 같은 청년후계농에 선정되고 비슷한 평수, 비슷한 시설에 투자할 계획이라도 개인의 상황에 따라 다른 대출 금액이 나올 수 있다.

대출 자금의 영향으로 자신이 세운 계획이 무산되는 경우도 꽤 있다. 그렇지만 이는 매년 지원의 폭이 넓어지고 조건이 확대되며 부담은 완화되고 있으니 개인의 상황에 맞춰 지원금을 신청하도록 계속 관심을 가지고 문의해야 한다.

청년농업인을 위한 '영농정착지원금'도 하나의 제도이다. 이는 3년 동안 매달 영농정착지원금을 바우처카드 형식으로 정부에서 지급한다. 1년 차 110만 원, 2년 차 100만 원, 3년 차 90만 원으로 3년간 총 3,600만 원을 지원받을 수 있다.

임업후계자는 임산물을 재배 · 가공, 유통하는 일에 종사할 사람이다. 임업후계자는 '임업의 계승 및 발전을 위하여 임업을 영위할 의사와 능력이 있는 자로서 농림축산식품부령으로 정하는 바에 따라 임업후계자를 선발한다.

'임업' 하면 각종 임산물에서 얻는 경제적 이윤을 위하여 삼림을 경영하는 사업으로 산이나 특수 지형으로 오해하기 쉽다. 그러나 임업에 해당하는 품목은 산림청장이 정하여 고시하는 기준에 산림용 종자, 묘목(조경수 포함), 버섯, 분재, 야생화, 산채 등 그 밖의 임산물이다. 수실류에는 복분자와 석류, 다래, 감, 잣, 은행 같은 열매들이 포함되며 약초류는 참쑥이나 작약, 감초, 마, 결명자 같은 식물, 산나물류에는 취나물이나 참나물, 도라지 같은 작물이 여기에 해당한다. 이 작물들이라면 평지에서 하우스나 노지 재배도 가능하다. 그러므로 밭에서 이러한 작물을 재배한다면 임업후계자에 신청할 수 있다.

정부에서 정한 임업후계자의 자격조건도 별도로 고시되어 있다.

첫째, 55세 미만인 자로서 산림경영계획에 따라 임업을 경영하거나 경영하려는 자로 개인독림가의 자녀, 3ha 이상의 산림을 소유(세대를 같이하는 직계 존 · 비속, 배우자 또는 형제자매 소유 포함)하고 있는 자, 10ha 이상의 국유림 또는 공유림을 대부받거나 분수림을 설정받은 자이다.

둘째, 품목별 재배 규모 기준(1,000~10,000㎡) 이상에서 단기소득

임산물을 생산하고 있는 자로 연령제한이 없다.

셋째, 품목별 재배 규모 기준(1,000~10,000㎡) 이상에서 단기소득 임산물을 생산하려는 자로 다음 요건을 모두 충족하는 자. 이 또한 연령제한이 없다.

위 세 가지 상황에 해당하는 사람은 임업 분야 40시간 이상 이수하고(단, 임업 관련 대학 · 고등학교 졸업자에 한해 면제) 기준 규모(약 3,300㎡) 이상의 재배 포지와 사업계획을 수립해야 한다.

청년후계농과 임업후계자 정책은 미래 농업을 위한 국가의 지원이다. 누구나 지원할 수 있지만 지원 금액만 따져보면 안 된다. 토지 구매라든지 대출에 대한 부담 등 개인이 감내해야 할 부분도 상당히 크다. 그럼에도 기관에서는 통계자료나 수치에 연연한다는 느낌을 받는다. 2027년까지 청년농 3만 명 신규 유입, 연평균 5.2천 명 증가 예상 등 쏟아지는 자료를 보면 농촌의 활성화는 청년농이 모두 담당할 듯하다. 하지만 현장의 분위기는 다르다. 냉정하게 청년농이 농촌에 정착하고 살기란 그리 만만하지 않다. 좌절하고 농촌을 떠나기 일쑤다. 이를 안타깝게 보는 선배 농업인으로서 국가 차원에서 후계농 선정된 이후에도 적극적인 후계농에 대한 지원이 필요하다고 본다.

더불어 청년농의 각오와 자세도 남달라야 한다. 유유자적 농사를 짓겠다는 생각은 버려야 한다. 투잡을 뛰며 농사를 짓겠다는 청년농도 많은데 단언하건대 쉽지 않다. 일단 청년농이 되었다면 절실하게 매달려야 한다. 10년 이상(일만 시간)을 투자해야 전문가가 된다고 하지 않던가!

— 청년농업인 선발 포스터

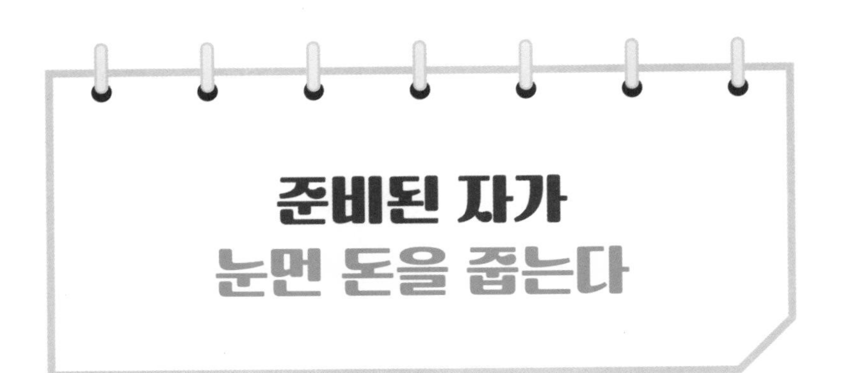

농업회사법인 유한회사 케어팜(이하 케어팜).

우리 회사 이름이다. 농업회사법인으로 사무실과 공장, 농장과 카페를 운영하며 다양한 제품을 개발해 시장에 유통하고 있다. '농식화약동원(農食化藥同原)'이라는 기치 아래 감초커피, 화장품, 건강식품을 만들며 성공 사례로 TV나 언론에 여러 차례 소개도 되었다.

여기까지 회사소개를 들은 사람이면 백이면 백 고개를 절레절레 흔든다. 그들이 고개를 흔든 이유는 자신은 돈이 없어 시작하지 못하겠다는 의미이다. 그리고 질문한다.

"자본금 얼마로 시작했어요?"

질문의 의도는 많은 돈으로 시작했음을 확인하려는 것이다. 그러니 자본금 수억 원이라는 말이 나오길 기대하는 눈빛으로 나를 본다. 그러나 언제나 내 대답은 명확하다.

"신용카드 대출 4,000만 원입니다."

상대는 입을 떡 벌리며 믿을 수 없다는 표정이다. 4,000만 원으로는 시설 좋은 하우스 짓는 것도 가당치 않다는 것을 알기 때문일 것이다. 그 사람이 믿거나 말거나 이것은 분명한 사실이며 팩트다.

여기서 간과된 것이 있다면 '기간'이다. 지금까지 꼬박 10년을 감초에 바친 노력의 결실이다. 10년 동안 더 넓은 면적에서 농사지어도 회사와 공장, 카페까지 이어지기는 힘들다. 공력을 덜 들여서도 아니고 운이 따르지 않아서도 아니다. 방법을 몰라서이다. 누구나 자신의 땅에서 심은 작물로 농사업으로 확장할 수 있는데, 그 길을 몰라 제자리걸음만 걸을 뿐이다.

"농자천하지대본"이라는 말이 있다. 농사가 천하의 근본이라는 뜻으로 세상의 중요한 바탕이요 힘은 농업에 있다는 말로 풀어 쓸 수 있다. 그러기에 국가에서는 국민의 안정된 생활의 기본인 식량이나 먹거리가 나오는 농업을 적극적으로 나서서 지원한다. 그만큼 농업 관련 정부 지원사업이 각 부처별로 다수 진행된다. 이를 잘 활용하면 소액의 자기 자본으로도 사업을 확장해 나갈 수 있다. 이를 위해 농가, 농민은 자신의 사업 방향을 잡아야 한다.

농업의 확대 및 농업 관련 사업으로 영역을 확대하고 싶다면 정부 지원금에 관심을 두자. 현재 농업 분야에 투입되는 각종 정책지원금의 종류는 다양하다. 개별 농가에 대한 지원뿐 아니라 농업에 취해지는 모든 정부 지원은 농업 보조금이다. 지원 분야에 따라 보조금이나 지원금으로 불린다.

먼저, 창업농이나 정착지원처럼 농가나 농민에게 주어지는 생활 안정 자금은 농업의 확대를 위한 사업 구상 시 지원받거나 이용할 방법들을 소개하고자 한다.

가공공장 건축이나 생산설비 구매 등 한 단계 도약을 준비하거나 6차 산업을 준비하는 경우 농민에게 지원해 주는 보조금이 있다. 철저한 준비, 사업계획, 정보를 알아야 한다.

농업 관련 지원 기관은 너무 다양해서 열거하기 힘들 정도다. 농림축산식품부, 농촌진흥청, 산림청, 지방자치단체(농업기술센터), 한국식품산업클러스터진흥원, 한국농업기술원, aT센터, 소상공인지원센터가 대표적이다.

기관별로 공고와 사업 기간, 사업명도 제각각이다. 사업명만 대충 훑어봐도 '농업 관련 보험 가입지원', '농업실용화기술 R&D지원', '농업기계 생산시설 · 설비자금 지원', '친환경농업 지원사업', '지속 가능한 경작법에 대한 자금 지원', '농업용 로봇 실증지원', '청년농업인 창업 기술지원' 등 종류와 분야가 세분되어 있다.

사업 기간은 몇 달부터 몇 년에 걸쳐 있기도 하다. 중간 점검을

실시하는 사업도 있고 결과물만 보는 지원도 있다. 단발성 지원이나 단기간에 끝나는 사업이라면 개인적 판단으로도 별 무리 없이 진행할 수 있지만, 연구기관과 협업이나 장기간의 과정이 필요한 지원이라면 세부 사항을 면밀히 검토해야 한다. 지원금의 총액은 크지만 농민에게 주는 금액은 노력에 비해 적을 수 있다. 그리고 사업의 방향이나 농가의 발전 가능성까지 타진해야 한다.

지원 대상과 조건도 모두 다르다. 제한 조건이 면적일 수도 있고 사업의 대상이 정해져 있기도 하다. 지원 금액도 전체 사업비의 70%, 80%, 90% 지원에 농가 부담이 있는 경우도 있고 전체 금액을 저리로 대출해 주고 균등 상환 하도록 하는 지원도 있다. 어떤 지원은 특정 작물이나 농민의 주소지에 제한을 두기도 한다.

조건의 해석이 애매한 경우 기관과 갈등이 생기기도 하는데 미리 점검하여 농민이 불이익을 당하지 않도록 해야 한다. 분명히 알아두어야 할 것은 시행 기관의 담당자들은 농업 현장의 경험이 없다는 것이다. 그러기에 어느 부분에서는 기준이 모호하게 적용될 수 있다. 실제로 이자 지원 금액을 받았는데 사업의 방향과 맞지 않는다고 취소한다는 통보받은 농민도 부지기수다. 이를 미연에 방지하려면 지원받으려는 우리가 조건을 더 꼼꼼하게 따져보아야 한다.

준비된 자에게 오는 기회라고 했다. 처음부터 큰 규모의 지원을 받긴 쉽지 않다. 자신의 상황과 규모에 맞게 한 단계, 한 단계 준비해 나가야 한다. 여기에는 사업계획서가 필수적이다. 처음엔 머릿속 구상을 글로 풀어낸다는 것이 어렵다. 그래서 사업 추진 방향이나 계획이 주먹구구식으로 정리된다. 한 줄 요약으로 끝나기도 한다. 그렇게 되면 구체성이 없다는 이유로 심사에서 떨어진다. 이럴 때는 주변 농가에 어떻게 진행할 것인지 차근차근 설명한다 생각하고 적어보자. 처음 계획서를 쓸 때는 자세할수록 좋다. 그리고 다 쓴 뒤 불필요한 부분은 걷어내고 중복된 부분이 있다면 한 문장으로 합하면 된다. 이것도 쉬운 일은 아니다.

사업계획서를 잘 쓰는 요령은 자꾸 써보는 것뿐이다. 한 번, 한 번 쓰다 보면 노하우가 쌓인다. 정말 작성이 어렵다면 주변의 도움을 받는 것도 방법이다.

정부의 지원이 좋은 것만은 아니다. 준비되지 않은 상태에서 지원받으면 빚이 된다. 농사업도 준비가 필요하다. 장기적인 계획과 그 장기 계획을 이룰 수 있는 단기 계획을 세우며 내실 있게 실천해 나가야 한다.

정부 돈은 절대 눈먼 돈이 아니다. 아무나 지원해 주지 않고 선심 쓰듯 막무가내로 베풀지도 않는다. 준비된 자만이 받을 수 있는 돈이다.

– 카페 달보드레에서 즐거워하는 초등학생들

현재보다 미래를 생각하면 방법이 달라진다

감초에 줄 영양제를 만들기 위해 욕조 크기의 통에 물을 붓고 인산, 가리와 발효균을 섞었다. 희석되어 푸른색으로 변한 물에 마른 감초도 듬뿍 넣어주었다. 이 과정을 지켜보는 분들은 "감초 영양제에 감초라니."라고 놀란다. 하지만 이는 동종 순환 면역농법이다. 작물의 부산물로부터 수액을 추출하고 그 수액을 다시 작물에 돌려주는 원리이다. 원래 참외 농사에서 이용되는 것을 감초에 적용하여 감초 부산물들을 말려 활용한다. 감초에서 우러나온 영양분을 감초에게 다시 돌려주며 신진대사를 촉진시키고 생장을 도와 병해충으로부터 보호하게 만든다.

영양제는 하루 이틀 사이에 만들어지지 않는다. 기계를 이용해 일주일 정도 숙성시켜야 진액이 우러나 까만 액체가 된다. 자연 숙성하려면 길게는 1년, 짧게는 3~6개월 정도 걸린다. 이렇게 숙성된 액비는 생육 때마다 달라지지만 평균 1,000:1로 물에 희석해 사용한다.

시중에 판매되는 식물 영양제나 비료를 사면 쉬운데 왜 이 번거로운 작업을 하는 것인가. 사회적 분위기가 편리, 간단, 스마트로 흐르는데 시대를 거스르듯 왜 이런 복잡한 과정, 오랜 시간을 들여 영양제를 만들어야 할까. 여기에 대한 답은 '친환경'에 있다.

인공적인 화학성분의 비료나 농약이 작물이나 인간에게 좋지 않다는 사실은 널리 알려져 있다. 소비자는 유기농 제품을 찾고 식품 및 축산물의 원료 생산에서부터 최종소비자가 섭취하기 전까지 각 단계에서 생물학적, 화학적, 물리적 위해요소가 해당 식품에 혼입되거나 오염되는 것을 방지하기 위한 위생을 HACCP 인증을 통해 관리하고 있다.

이러한 제도적 체계는 소비자에게 안전한 먹거리 농산물을 제공하는 것이 첫 번째 목표이고 두 번째는 지구 환경 보호가 목적이다. 이에 우리 농민도 발맞춰야 한다.

친환경농법은 1982년 국제연합식량농업기구 UN FAO가 제정한 〈세계토양헌장〉에 따라 시작되었다. 처음에는 토양의 친환경적 보전에 관한 실천 방향을 모색하기 위한 개념이었다. 이후 1987년 세계환경위원회(UN WCED)의 〈우리 공동의 미래(Our Common Future)〉에서도 지속 발전적이고 미래 세대까지 건강한 삶을 목적으로 발전되어 현재까지 이어지고 있다.

합성농약이나 항생, 항균제 등 화학비료를 사용하지 않거나 최소화하여 농사짓는 것이며 작물의 부산물을 재활용하여 농업생태계와 환경을 유지하고 보전하여 토양과 사람을 이롭게 한다. 여기에는 병충해, 잡초 관리 외 토양과 생태환경을 보전하기 위한 작부체계 등 여러 농법이 적용된다.

친환경농법의 종류도 다양하다.

먼저, 동물을 이용한 유기농법에는 우렁이, 지렁이, 오리, 곤충농법이 있다.

우렁이농법은 우렁이가 물속에 잠긴 풀만 먹는 습성을 이용하여 잡초를 제거하는 유기농법이다. 그러기에 논농사에 적합하다. 이때 방사하는 우렁이는 토종보다 중국에서 들여온 왕우렁이로 풀을 아주 좋아하는 대식가다.

오리농법은 오리가 잡초와 해충을 먹는 습성을 활용한 농법이다. 오리들은 잡초와 해충을 잡아먹기도 하고 논의 이곳저곳을 다니며 벼에 자극을 주어 벼의 생명력도 강해지고 배설물을 통해 거름을 주기도 하는 등 여러 효과를 볼 수 있다.

지렁이농법은 토양에 이로운 미생물을 다량 함유하고 있는 지렁이의 배설물을 활용한 농법이다. 지렁이의 배설물은 주변의 악취를 흡수하고 해충의 번식을 막기도 한다.

곤충을 활용한 유기농법도 다양하다. 천적 관계를 이용하여 농사를 망치는 해충을 없애는 방법으로 칠레이리응애, 온실가루이좀벌, 애꽃노린재, 진딧벌, 진디혹파리 등이 사용된다. 화분매개곤충을 활용한 친환경농법도 각광받고 있다. 최근 농약 사용으로 자연 꽃가루 곤충이 감소하면서 인공수정을 통해 열매를 얻는데 농촌이 고령화되면서 인력이 부족하여 인공수정이 어려워졌다. 이에 화분매개곤충을 통해 자연수분을 하는 농법이 사용되고 있다.

다음으로 퇴비와 외양간두엄 등 유기물을 주비료로 사용하는 것이다. 이는 밭농사에 유용하다. 퇴비나 거름에는 유기물과 미생물이 많아 토양의 활력이 회복시킨다. 작물 자체에 병충해 저항력이 자연적으로 생기는 것이다.

인간과 자연, 지구 환경에 좋은 유기농이지만 분명 단점도 있다.

첫째, 화학 제품보다 효과가 떨어진다. 토질 맞춤형 비료에 비해 천연 영양제는 땅에 이롭지만 작물의 생장에는 그 더 큰 영향을 끼칠 수 없다. 그로 인해 수확량이 줄고 상품성이 떨어질 수 있다. 친환경, 유기농 제품이 더 비싼 가격에 팔린다고 하나 수확량이 뒷받침되어야 농가의 소득이 보장된다. 또한 소비자들은 유기농이면서도 상품성 좋은 것을 원하기에 판매가 부진할 수도 있다. 그런 경우 오롯이 농가의 창고에 쌓이게 된다. 아니면 헐값에 팔게 될지도 모른다.

둘째, 병충해에 약하다. 화학 제품인 농약은 식물에 해로운 병해충을 막아준다. 제초제는 풀을 제거해 주어 농민의 수고로움을 덜어준다. 그러나 유기농은 이러한 제품을 쓰지 않기에 밭에는 잡초와 작물이 함께 커간다. 잡초가 많은 땅에서 자란 작물은 실한 열매를 맺을 수 없다. 토양의 양분을 나눠 먹기 때문이다. 병과 벌레도 마찬가지다. 작물이 자라는 데 방해 요소가 된다. 그 결과, 농민은 원하는 수확을 할 수 없게 된다.

셋째, 많은 노동력이 필요하다. 잡초를 사람 손으로 뽑아주거나, 벌레를 잡아주고, 영양제를 만드는 등 유기농법을 실천하기 위해서는 많은 사람의 손이 필요하다. 혼자 다 할 수 없기에 일손을 불러야 한다. 그럼 또 생산 비용이 증가한다.

이러한 단점은 온전히 농민의 부담으로 남는다. 경제적 손실로 이어지기에 계획적이고 체계적으로 접근할 문제다.

다만, 유기농법의 여러 문제와 단점을 극복하고 나아갈 방향을 찾는 것도 더불어 생각해야 할 과제다. 우리 세대 이후 미래 세대까지 건강한 땅이 살아남아야 인류가 생존할 수 있기 때문이다.

– 한국농수산대학교 현장실습생과 미생물 발효

오르지 못할 나무엔 사다리를 놓아라

농부의 한 몸은 슈퍼히어로다. 인간의 생명을 구하는 일을 하고 있으며 언제든 변신이 가능하고 다재다능하여 못해내는 일이 없다. 내가 농부이니 농부를 치켜세우는 거라고 생각하면 안 된다. 지금부터 그 근거를 들어보겠다.

우선, 농부는 인류의 생명지킴이다. 인간이 살아가는 데 '의 · 식 · 주'가 기본이다. 이 중 가장 중요한 '식'을 우리 농부가 책임지며 인류에게 먹거리를 제공해 왔다. 현대에 들어와 '의'와 '주'에 더 치중하는 사회가 되어버린 것 같지만 이는 '식'이 충분하기에 남은 여력을 보여주고 과시하는 데 쓰기 때문이다. 그러나 원시 시대 인류는 어떠했는가. 의와 주는 자연을 그대로 이용하며 생활했다. 동물의 가죽이나 식물의 껍질로 옷을 지어 입고 동굴이나 바위틈, 나무 위에서 잠을 자거나 쉬었다. 그러기에 갑자기 의와 주가 모두 사라져도 우리는 생존하는 데 크나큰 지장이 없고 자기 수명만큼 생활할 수 있다. 물론 조금 불편할 수는 있지만 하루 이틀 사이에 죽음에 이르지는 않는다.

하지만 '식'은 다르다. 먹거리가 없으면 당장 생명의 연명이 어렵다. 전 세계 농부가 파업하거나 생산을 중지한다면 인간의 모든 활동은 끊기게 된다. 기본적인 원재료 농수축산물 제공 없이 '식'의 생산은 불가능하기 때문이다. 그러므로 인간의 생명을 구하는 히어로는 농부다.

또한, 농부는 변모의 귀재이다. 언제나 변신할 수 있고 변신을 꿈꾼다. 농사를 지으며 강의하는 강사, 농산물을 직접 가공하여 제품을 생산하는 회사 대표, 공장을 돌리는 공장장, 작물의 재배 시설의 원리와 작업의 편리를 도모하는 과학자, 생산한 작물의 영양성분이나 효능을 공부하는 연구원, 지역 발전을 위해 의견을 내고 운영하는 공동체 위원 등. 보통 1명의 농부는 일인다역을 맡고 있다.

일반적으로 회사에 다니는 사람들은 자신이 맡은 담당 업무의 책임만 다하면 끝난다. 분업화되어 있고 조직화되어 있어 한 사람이 일부분을 담당하면 나머지는 다음 업무를 맡은 사람이 진행한다. 생산, 판매, 홍보, 관리 등. 그러나 일반적인 농업법인이나 농민은 자신이 재배한 작물로 한두 가지 제품을 만든다. 직원을 여러 명 쓸 수도 없고 홍보에 큰돈을 들일 수도 없다. 대부분 가족인 적은 구성원이 주체이자 총괄책임자이며 말단직원의 역할까지 모든 일을 담당해야 한다. 물론 기업화된 농업 시스템은 제외다.

부끄럽지만 개인적인 하루 일과를 소개하면 새벽 6시부터 일어나 농장을 둘러보고 풀을 베며 병충해를 관리한다. 발목이 긴 장화에 작업복 차림이다. 땀으로 목욕할 때쯤 일이 끝난다.

아침 8시 30분, 단정한 옷차림으로 회사로 출근해 업무를 본다. 케어팜 사무실에 근무하는 직원은 사장인 '나'와 직원 몇 명이다. 서류 정리와 이메일 검토, 지원사업 일정 점검 등 사무적인 업무를 오전에 집중적으로 처리한다.

점심 이후는 카페로 간다. 감초로 차별화된 음료를 만들어 제공하기에 손님이 끊이지 않고 온다. 특히 여러 언론에 노출되어 일부러 먼 거리에서 찾아오는 분들이 많다. 감초 관련 사업을 문의하는 사람도 있다. 카페를 관리하는 이사님과 직원이 있지만 아무래도 만날 수 있을 때와 없을 때 손님들의 반응이 다르다. 그러기에 시간이 나면 카페에 머물며 책도 보고 글도 쓰며 홍보 업무를 본다.

해 질 무렵엔 다시 작업복을 입고 농장으로 향한다. 용기를 이용해 감초를 재배하는 까닭에 풀을 뽑아주어야 하는 등 잡일이 많은 건 아니다. 익은 실과를 수시로 따야 하는 번거로움도 없다. 이런 이점 때문에 약용작물의 관리는 쉽다. 그럼에도 날씨의 변화에 따라 통풍이나 온도를 수시로 점검해야 한다. 또한 수확 후 처리되는 부분의 일을 오후 시간을 이용해 진행한다. 감초 건조, 절삭이나 분말을 만드는 일이다. 제품을 생산하거나 주문이 들어올 때를 대비해 미리미리 준비해 놓는 작업이다.

강의나 교육이 들어오면 넥타이까지 맨 정장 차림으로 사람들을 만난다. 현장에서 수집한 강의자료를 활용해 농업의 전문가답게 설명하고 이해를 끌어낸다. 비전을 제시하고 미래지향적 농업을 제안한다. 강의 지역은 전국을 범위로 하고 있다. 농업에 남다른 자부심과 숨겨진 가능성을 전해야 하기에 장거리 강의도 마다하지 않는다.

이상이 간단히 적은 개인적 일상이지만 여기에 담긴 역할만 하더라도 각양각색이다.

물론 아직 사업까지 확장하지 않은 분들이 많겠지만 그 가능성을 열고 생각할 때 농부는 언제든 어떤 색깔로든 변신할 수 있는 재능이 있음을 알아야 한다.

마지막으로 농부는 만능 재주꾼이다. 다재다능하여 못 해내는 일이 없다. 대표적으로 기계가 고장 나면 서비스 기사를 부르기 전에 간단한 A/S를 할 줄 알아야 한다. 기사가 오기까지 시간이 걸릴 뿐 아니라 작업의 능률이 떨어진다. 시간과 비용을 절약하며 효율적으로 끌어가기 위함도 있다.

더불어 농산물 판매를 위한 유통업자, 홍보도 맡는다. 그뿐인가. 판매의 현장에 나가 소비자들과 상대하며 판매도 한다. 이때 제품의 효능이나 작물이 사람 건강에 미치는 영향 등 정보들을 전달해야 하기에 쇼호스트처럼 유창한 말솜씨까지 발휘한다.

이처럼 농부, 농민의 역할은 단순히 농사짓는 사람을 벗어난다. 그렇다면 우리 농업의 방향도 한 발 더 나아가야 한다. 농업을 업그레이드해 농사업으로 발전시켜야 한다. 우량 품종의 농산물을 생산하는 데 그치지 말고 사업의 확장을 꾀해야 한다. 1차 작물 재배만으로는 우리가 원하는 소득을 충족할 수 없다. 농산물 가격이 폭등해도 농민의 수중에 그 이익이 들어오지 않는다. 가공업체와 유통업자의 몫이다.

그렇다면 인류지킴이, 변신의 귀재, 만능 재주꾼인 우리가 전면에 나서야 한다. 당장 주변 농가들과 회의하고 협업하여 진취적인 사업을 구상해 보자. 그리고 벤치마킹하러 전국의 농장을 검색해 보고 방문해 보자. 자금이 문제라면 정부 지원도 있고 지자체 사업 공모도 많다. 정말 중요한 걸림돌은 우리의 의지이다. 농사업을 해야겠다는 각오가 새로운 길을 낸다.

– 슈퍼히어로 농부

◆ 부자농부의 성공 꿀팁

–철저하게 준비하고 꼼꼼하게 따져야 성공한다.

–지원과 정책은 문을 두드리는 자에게 길을 안내한다.

–눈먼 돈이라고 저절로 굴러오지 않는다.

–널리 인간을 이롭게, 자연을 이롭게 하는 방법을 찾자.

–재배 농민에서 농사업으로 사장이 되자.

농부는 일인다역을 맡은 주인공이다. 작물을 잘 재배하는 것에서 끝나면 일인일역이지만 이를 가공하고 홍보하고 판매하는 일까지 확장하면 농부에서 사업가가 되고 제품 개발자, 기획자, 홍보맨, 영업사원에 판매자까지 겸해야 한다.
이제 작물을 상품으로 출하하고 제품으로 가공해 보자. 한 번도 해보지 않은 일이라고 지레 겁먹을 필요 없다. 생각보다 간단하고 매력적인 일이다. '성공'으로 가는 지름길이다. 더불어 더욱 발전할 수 있는 동력이 되어준다.

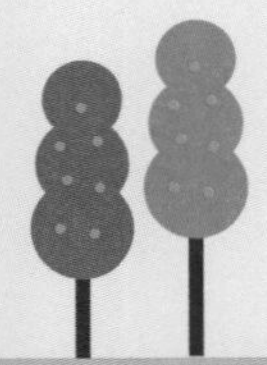

4장

농사업에도 지름길이 있다

하나만 알면 열을 헤아릴 수 없다

6차 산업은 '농업의 종합산업화'로 불리는 농촌융복합산업이다. 말이 조금 어렵다. 쉽게 '1×2×3=6'의 개념이다. 여기서 1, 2, 3 숫자는 산업을 나타낸다. 그러니까 1차 산업 곱하기 2차 산업 곱하기 3차 산업은 6차 산업이 된다는 의미이다. 이는 사회 전반의 산업구조에 적용되는 것이 아니라 오로지 농촌을 대상으로 이루어지는 산업이다.

학창 시절 배운 산업의 개념을 떠올려 보면 1차 산업은 직접 땅과 바다, 자연환경을 적용하는 산업으로 농업이나 목축업, 임업이나 어업, 축산업 등이 해당한다. 밭이나 특정 시설을 이용해 농작물을 재배하고 생산하는 활동이다. 하우스나 농기계, 드론 등 새로운 기술력의 여러 농법을 이용해도 재배하는 데 국한되는 농업을 이어가고 있다면 1차 농업에 해당한다.

2차 산업은 1차에서 기른 작물을 가공하여 제품으로 만드는 일이다. 원재료를 그대로 유통하지 않고 어떤 방법으로든 과정을 거치는 것을 말한다. 양파를 재배해 양파즙으로 만드는 것, 표고버섯을 따 말린 후 분쇄하여 가루를 소분하여 상표를 붙이고 시중에 유통하는 것, 소에서 짜낸 우유로 치즈를 만들거나, 감을 말려 곶감으로 만들기, 수확한 깨로 참기름을 추출해 판매하는 것 등 이 모든 가공 그 자체가 2차 산업이다. 더 나아가 작물의 약효나 특성을 이용하여 사람들이 음용하는 차로 만들거나 비누 등 생필품을 만드는 것, 쿠키나 떡, 밀키트를 만들어 판매하는 것도 훨씬 많은 가공 단계를 거치지만 2차 산업군에 해당한다.

3차 산업은 말 그대로 서비스다. 1, 2차에서 생산된 작물이나 상품을 소비자에게 파는 것이다. 단순히 판매하는 것만 아니라 문화를 즐길 수 있도록 해주면 더 좋다. 쉽게는 딸기 따기 체험, 농촌 문화를 즐길 수 있는 숙박 공간, 생산된 작물을 이용하여 특징 있는 메뉴를 개발하여 판매하는 카페 운영, 재배 및 작물 이용 교육 프로그램 개설, 체험 관광 상품 등 생산과 가공 이후 소비자의 만족과 문화 향유를 위한 단계로 이해하면 쉽다.

6차 산업을 이렇게 정리하고 보니 단순한 것 같으면서도 복잡하다. 가공 시설이나 환경이 뒷받침되어야 하고 인력이나 자본도 꽤 들 것 같다. 초기 투자 비용은 들지만 이렇게 하면 농민에게 더 높은 소득이 창출되고 소비자의 욕구는 능히 충족되겠다는 생각도 든다. 바로 이 장점에서 농촌융복합산업이 추진되었다.

오로지 1차에 주력하던 농민과 농가에 2, 3차 산업을 복합적으로 적용할 수 있도록 국가나 지자체 차원에서 도와 보다 나은 부가가치를 창출하도록 이끄는 것이다. 사회적으로 보면 위축되어 가는 농촌을 살리는 길이다. 또한, 점차 소멸해 가는 농촌과 활력을 잃어가는 지방의 일자리를 창출하고 새로운 활력으로 경제 활성화를 도모할 수 있다.

물론 여기에는 국가나 지자체의 지원이 뒤따른다. 각 지역에 마련된 6차 산업 지원센터를 통해 가장 든든한 부분은 시설자금이나 리모델링, 운영자금을 저금리로 융자받을 수 있다. 가공 기계나 장비는 큰 금액이 들어간다. 공장의 시설도 갖춰야 하기에 오로지 자기 자본으로 투자할 수 없는 부분이 있다. 또한 포장재나 생산 원료, 인건비, 온라인 홈페이지 제작 등 초기 자금이 필요한 경우, 맞춤형으로 지원받을 수 있다. 교육이나 현장 지도 같은 운영에 필요한 도움을 받는다.

6차 산업에 도전하는 방법을 자세히 알아보자.

먼저, 인증제도를 거쳐야 한다. 이를 위해 농촌융복합산업 사업자 인증을 위한 자격요건을 갖춰야 하는 건 필수다. 〈농촌융복합산업 육성 및 지원에 관한 법률〉 시행령 2조에 근거한 요건인데 이를 찾아보면 농업 관련 소상공인, 농업 관련 사회적 기업, 농업 관련 협동조합 및 사회적협동조합, 농업 관련 중소기업, 대통령령으로 정하는 1인 창조기업이 여기에 해당한다. 한 사람이 신청할 수 있는 1인 창조기업이란 주된 사업장이 농촌에 소재하고 지역의 유·무형 자원을 이용하여 사업을 하는 사람을 말한다.

인증제출 서류는 신청서와 농업경영체 증명서, 정관 또는 조직과 운영에 관한 규정, 재무제표 등 경영 상태를 확인하는 서류와 사업계획서이다. 그런데 많은 농가와 농민은 여기에서 벽에 부딪힌다. 사업을 아직 시작 전이고 시장의 원리나 판매와 유통의 과정을 잘 모르기에 사업을 구체화시키거나 응용할 방법을 모른다.

모든 조건을 갖추고도 사업계획서를 작성하지 못해 포기하는 경우를 종종 보았다. 그러기에 이 과정이 하나의 관문이라고 해도 과언이 아니다. 사업계획서가 타당하고 사업의 가능성을 잘 보여주고 있다면 지원 대상에 선정되는 것은 떼어놓은 당상이기 때문이다. 그럼에도 불구하고 농사짓던 농민이 가공과 유통, 서비스까지 두루 섭렵해 거시적 안목을 갖기는 어렵다. 이때는 적극적으로 발품을 팔아야 한다. 다른 지역의 동종 업체를 찾아가 조언을 구하고 이미 사업이 안정권에 든 사업체를 방문해 자문을 구해야 한다. 가만히 앉아서 만 리를 볼 수는 없다. 마찬가지로 사업의 구상과 방향은 이미 사업으로 정착한 지역이나 농민을 찾아가 직접 보고 들으며 도움받으면 된다. 시간이 조금 더 걸리더라도 이것이 시행착오를 줄이는 길이다.

이렇게 인증 신청서를 제출하면 6차 산업 지원센터에서 자격요건을 검토하기 위해 방문한다. 사업계획서에 맞춰 잘 진행될 수 있는지 심사하는 것이다. 사업성과 발전 가능성, 기존 제품과의 차별성, 사업가의 마인드를 객관적으로 종합평가 된다. 1차는 지원센터에서 2차 심사는 한국농어촌공사에서 진행한다. 조금 까다로운 심사 과정을 거쳐야 하지만 여기까지 통과하면 인증 추천을 받아 인증 확정이 통보되고 6차 산업 사업자가 된다. 그리고 3년마다 검증받으며 지속적으로 사업할 수 있다.

언론마다 농촌을 바라보는 시각이 부정적이다. 인구가 없고 비전이 없고 미래지향적이 아니라는 이유다. 그러나 역으로 생각하면 가장 미래지향적인 산업이 농업일 수 있다. 아무리 4차 산업혁명이 일어나고 인공지능이 판을 치는 AI 시대가 도래해도, 최첨단 과학이 인류의 미래를 바꾼다고 해도 자연을 떠나서 인간은 생존할 수 없다. 특히 생명 유지를 위한 먹거리를 담당하는 농민, 농촌은 보존되어야 할 가치 중 가장 으뜸이다. 이제 그 가치를 우리 농민이 세워나가야 할 때이다.

– 농촌융복합산업을 위한 카페, 체험관

제도를 이용하면 더 많이 도전할 수 있다

농촌 소멸을 걱정하는 이 시대, 대를 이어 농업에 종사하기는 쉽지 않다. 예전에 비해 직업이나 직군의 폭이 그만큼 넓어지기도 했고 부모 세대가 농사를 짓는 경우도 적어졌기 때문이다. 그래서 오히려 청년후계농처럼 농업에 비전을 보고 직업으로 선택하는 경우나 은퇴나 명퇴 아니면 이직으로 농업을 접하는 사람이 농업 전선에 뛰어들고 있다.

이미 오래전 국토의 대부분 경작지였던 시대는 끝났다. 이제는 농경지를 별도로 특별하게 관리해야 하는 지경에 이르렀다. 그러나 아이러니하게도 농지는 있으나 농사지을 사람이 없는 지역도 있고 농지가 없어 농사를 짓지 못하는 사람도 있다. 그럼에도 농사를 지으려는 개인이 이 모든 정보를 구하기에는 한계가 있다. 국가 차원에서 농지나 농민, 농업종사자를 관리하고 정책이나 지원을 위한 데이터가 도출되어야 한다.

이를 위해 정부에서는 '농업경영체'라는 등록 제도를 마련해 두고 있다. 여기서는 농업경영체 등록의 조건과 혜택, 문제점을 짚어 보고자 한다. 더 나아가 농사업을 위한 법인 설립 과정까지 살펴볼 것이다.

농업경영체 등록은 농업에 대한 총체적인 관리이다. 농업지원의 대상에 오르고 공익직불금 · 농민수당 등 농업정책의 수혜 기준이 되기 때문이다. 세금 혜택도 받을 수 있는데 농산물을 팔 때 면세 적용이 되고 면세유도 이용할 수 있는 특혜가 있다. 농지전용부담금 면제라든지 농지 보유 연한에 따른 감세뿐 아니라 건강보험료도 50%를 지원해 준다. 기초연금이나 농지연금, 여기에 자녀 학자금 지원까지 소소한 혜택이 많다.

다만, 농업경영체를 등록하려면 몇 가지 조건을 갖추어야 한다. 〈농어업경영체 육성 및 지원에 관한 법률(농어업경영체법)〉에 따른 것인데 1,000㎡(300평) 이상 농지를 경영 · 경작하거나, 농업경영으로 연 120만 원 이상의 농산물 판매 실적을 내는 등 요건 가운데 하나만 충족해도 농업인으로 인정한다. 한 가지 더하자면 1년에 90일이상 농사를 지어야 한다. 물론 세부적으로 들어가면 더 간단한 방법이 있다. 처음부터 농지 300평을 확보하거나 농산물 판매가 가능한 것은 아니기에 작은 평수의 농지라면 비닐하우스(330㎡)를 짓거나 나무(660㎡)를 심는 등 여러 방법이 있으니 자신이 재배하려는 작물이나 시설 기준을 따져봐야 한다.

신청은 제출 서류를 작성하여 주민등록 주소지 관할 국립농산물품질관리원 지원사무소에 방문하거나 온라인이나 우편, 팩스 신청도 가능하다. 서류는 기본적으로 '농업경영체 등록 신청서(농업인용)'와 자경농이라면 '영농사실 확인서', '본인 명의 농자재 구매영수증 또는 농산물 판매영수증'이 있어야 한다. 만약, 임차인이라면 '농지대장(임대차 현황 포함)'과 '본인 명의 농자재 구매영수증 또는 농산물 판매영수증'이다. 축산업이나 곤충 사육업, 농업법인은 다른 서류가 구비되어야 하므로 별도로 필요 서류를 확인해야 한다.

그러나 요즘 들어 '농업경영체' 등록만으로 수혜 대상을 인정하는 건 문제라는 지적이 잇따르고 있다. 실질적으로 농업에 종사하는 사람, 그러니까 토지를 일궈 작물을 재배하는 농가보다 은퇴농의 재유입이나 고령농의 은퇴 지연으로 농업경영체의 숫자만 부풀리고 있는 현실이기 때문이다. 실제로 통계청·농림축산식품부에 따르면 2022~2023년 농가는 102만 2,797가구에서 99만 9,022가구로 감소했지만, 농업경영체는 같은 기간 181만 1,377곳에서 182만 2,483곳으로 늘었다.

이에 따라 농업인의 발전단계를 고려하자는 방안도 제시되고 있다. '예비농업인', '은퇴농업인' 등 농업인의 유형을 명시하여 창업 준비 자금, 농지 구입 자금 등 각종 정책 대상이 될 수 있는 자격을 심사하라는 것이다. 그렇게 되면 은퇴 농업인도 건강보험료 감면, 교통수단 지원 등 생산 비연계 농업인 복지 대상자로 법적 지위를 가질 수 있다. 여러 논의가 필요하지만 농민과 농촌, 농업과 농사업의 미래를 위한 거시적 안목에서 접근하는 구상이 필요하다. 실질적인 농업에 종사하는 농민에게 혜택이 온전히 돌아가 농촌 지역의 발전을 꾀하도록 도모해야 한다.

농민들 또한 농업경영체의 지원을 받기 위한 수단으로 생각하지 말고, 국가에서 왜 이런 지원책을 마련하여 농촌을 살리고 농업을 활성화하려고 하는지 그 의도를 분명히 알아야 한다. 농업은 농민의 소득 창출을 위한 방법이 되지만 나라의 경제와 식량 대책을 책임지는 특별한 일임을 인식해야 한다. 그래야만 농업경영체 지원을 더욱 확대하고 농사만 지어도 안정된 생활을 유지할 수 있게 된다.

다음으로 농업법인은 〈농어업경영체 육성 및 지원에 관한 법률〉에 따라 설립된 영농조합법인과 농업회사법인으로 설립할 수 있다. 농업회사법인은 농업인 한 사람만으로도 법인 설립이 가능하다. 대신 비농업인이 100%의 지분을 가질 수 없으며 90% 이상을 넘어서도 안 된다. 영농조합법인은 농업인 5인 이상이 참여해야 한다. 농지법에 따라 국가와 지방자치단체에서 농업법인의 기술 개발, 경영규모의 확대 또는 농업기계화 및 시설 장비 현대화, 경영정보화, 전문인력의 확보 및 인수합병 등을 위하여 자금 및 컨설팅 등 필요한 지원을 받을 수 있다.

농업의 경영이나 유통, 가공, 판매를 기업적으로 접근하고 농작업을 대행하려면 출자금의 10% 이상 출자하여 설립해야 한다. 농업회사법인은 법인세 면제받으며 정부에서 진행하는 보조, 지원사업에 참여할 수 있는 기회가 많다. 스마트팜이나 농업 시설 등 큰 자본이 들어가는 사업에서 개인의 자금으로는 감당이 안 될 때, 제품 개발에서부터 가공이나 유통까지 적극적으로 기업화시킬 목적이라면 농업법인을 설립하는 것이 유리하다.

해가 갈수록 농업법인의 설립 절차는 점점 까다로워지고 있다. 각종 지원과 혜택을 받기 위해 법을 악용하는 사람들 때문이다. 실질적으로 농업법인을 세우려는 농민이라면 혜택만 타진해서는 안 된다.

여기에서 농업법인의 설립이 유리한 점을 서술했지만, 무조건 농업법인 설립을 제안하는 건 아니다. 다만, 정보를 알고 있으면 자신이 일구고 확장하는 농업이 나아갈 방향의 진로를 정하고 정진할 수 있으니 제시해 두는 것이다. 알면 보이고 들린다. 작물 재배만 하던 자신에게 어느 시점에서 때가 올 것이다. 평소 사업을 키워갈 구상을 하고 있었다면 기회가 왔을 때 놓치지 않을 수 있다.

농업법인이나 작물로 할 수 있는 사업에 관한 정보를 수집해 보자. 닥쳐서 아는 것보다 평소에 관심을 가지고 농업경영체에서 시작하여 법인의 설립까지 확장해 나가면 사업가로서의 면모도 갖출 수 있다. 이것이 진정으로 농업을 위한 길이며 농민 간 상생의 길이다. 1차 생산만 하여 납품만 하는 것보다 더욱 농업에 매력을 느끼고 정진할 수 있는 길이다.

구분	영농조합법인 (Farming Association Corporation)	농업회사법인 (주식, 유한, 합명, 합자) (Agriculture Corporation Company)
관련 규정	· 농어업경영체 육성 및 지원에 관한 법률 제16조	· 농어업경영체 육성 및 지원에 관한 법률 제19조
설립 요건	· 농업인 또는 농업생산자단체 5인 이상이 조합원으로 참여 – 비농업인은 의결권 없는 준조합원으로 참여 가능 * 결원 시, 1년 이내에 충원 (미충원 시 해산 사유)	· 농업인 또는 농업생산자단체가 설립하되, 비농업인은 총출자액의 100분의 90까지 출자 가능 * 다만, 총출자액이 80억 원을 초과하는 경우 총출자액에서 8억을 제외한 금액을 한도로 함
사업	· 농업의 경영 및 부대사업 · 농업 관련 공동이용 시설의 설치 및 운영 · 농산물의 공동출하·가공 및 수출 · 농작업의 대행 · 그 밖의 영농조합법인의 목적 달성을 위하여 정관으로 정하는 사업(동법 시행령 제11조)	· 농업경영, 농산물의 유통·가공·판매 농작업 대행 · 영농에 필요한 자재의 생산·공급, 종자 생산 및 종균배양 사업 · 농산물의 구매·비축사업 · 농기계 기타 장비의 임대·수리·보관 · 소규모 관개시설의 수탁·관리(동법 시행령 제19조)
농지 소유	· 소유 가능	· 소유 가능(단, 업무집행권을 가진 자 또는 등기이사가 1/3 이상 농업인일 것) * 농지법 제2조 제3호

– 영농조합법인과 농업회사법인 비교

누구를 위해 무엇을 만들 것인가

우리가 먹는 것들을 생각해 보자. 주식 제외 간식이나 건강식품 등 식사 외 일상에서 먹고 마시는 가공된 제품들을 떠올리면 된다. 먼저 전통 식품의 경우 떡이나 한과, 약과, 강정, 식혜나 수정과, 막걸리나 곶감 같은 것도 있다. 또한 응용하는 제품으로는 양파즙이나 배즙처럼 음료로 마시는 제품들도 있고 농축액이나 과일을 설탕에 절인 '청' 음료도 있다. 빵이나 쿠키, 양갱, 견과류바 같은 주식 대용 제품들도 있다.

이러한 제품들의 근원은 농산물이다. 그럼에도 우리 농민이나 농촌에서는 생산만 할 뿐 제품화하는 일에는 손을 놓고 있다. 가공

시설을 갖추려면 엄청난 초기 비용이 들어갈 것이고 그에 맞춰 설비를 들여놓으려면 자신이 가지고 있는 자금력으로는 충분하지 않다고 여기기 때문이다. 그뿐 아니라 제품 개발은 '우리' 즉 농민의 몫이 아니라고 여긴다. 그래서 자신이 생산하고 재배한 작물에 대한 영양성분이나 효능, 활용의 측면을 더 알아보지 않는다. 대중에게 알려진 지식이나 정보 그대로 수용하고 답습하며 더 나아가지 않는다. 그로 인해 발전 가능성과 기회를 놓치고 마는 것이다.

단언컨대 작물의 효능이나 효과, 특징은 생산자, 재배자가 가장 잘 알고 있어야 한다. 예를 들어 토마토를 재배하는 농가에서 토마토에 함유된 어떤 성분이 인체 건강의 어디에 좋은지, 어떤 음식에 이용되는지, 열을 가하면 어떤 효과가 높아지는지, 어떤 제품들로 가공되고 있는지 등 알아봐야 한다. 싱싱한 토마토를 재배해 로컬이나 마트, 도매상에게 납품하더라도 이러한 정보를 꿰뚫고 있어야 한다. 그 이유는 간단하다. 자신이 재배농이면서 가공식품의 생산자가 될 수 있기 때문이다.

'가공'이라는 말에 '공장'을 떠올리고 '자금'을 생각하며 엄두가 나지 않는 일이라고 미리 고개를 저을 필요는 없다. 여기에서 우리가 가공식품의 생산자로 전환할 때 필요한 몇 가지 정보를 나누려고 한다. 돈보다 발품이 필요하고 공부가 필요한 일이기는 하다. 그렇지만 이와 관련된 정보는 한번 학습하거나 숙지해 두면 자신의 지적 자산이 된다. 자신이 아는 만큼 더 보이고, 더 들리고, 더 활용할 수 있으니 이를 위해 노력을 기울여야 한다.

먼저, 자신이 재배한 작물의 성분을 알아보자. 채소류나 과일, 약용작물 등 모든 농산물에는 그것을 구성하는 성분이 있다. 단백질, 지방, 비타민, 무기질 등 영양소는 물론이고 섬유질이나 칼로리 등 영양성분이 분석된 자료를 알아야 한다. 만약 끓이거나 조리하여 성분이 달라지는 과채류도 있으므로 열을 가했을 때 어떤 성분이 생기고 어느 성분이 줄어드는지 알아두면 좋다. 같은 작물이라도 품종에 따라 영양성분이 다를 수 있다. 그러므로 주먹구구식 정보를 얻기보다 보다 세분화되고 구체적인 정보를 얻어야 한다. 이는 인터넷에 검색만 해도 나오는 대표 작물들이 있는가 하면 농촌진흥청 내 국립농업과학원에 문의하는 방법도 있다. 그 작물에 관한 책이나 논문을 찾아보는 것도 유용한 방법이다. 논문도 학술용으로 쓰여졌지만 그리 어려운 것은 아니다. 꼼꼼하게 읽으면 누구나 충분히 이해가 가능한 문장이다. 중요한 부분은 별도의 자료로 자신이 관리하고 블로그나 SNS에 올려두면 소비자들까지 정보에 접근할 수 있다.

만약 자신이 재배한 작물의 성분을 직접 분석하고 싶다면 기관에 의뢰하는 방법이 있다. 비용이나 결과가 나오기까지 시간이 필요하지만 자신의 토양에서 재배한 작물의 성분을 명확히 알 수 있는 하나의 방법이 된다. 이는 제품 개발에 유용하게 사용되고 공신력을 인정받을 수 있기에 제품의 가치도 높아진다.

다음으로 효능이다. 일반적으로 '어느 식품이 어디에 좋다.'라는 인식은 가지고 있다. 사람들이 건강에 관심이 많아지면서 TV나 언론매체에서 건강한 식습관을 주제로 많이 노출되었기 때문이다. 그러므로 재배농은 더욱더 작물의 효능을 꿰고 있어야 한다. 작물의 어떤 성분이 어디에 좋은지 명확한 근거를 알아야 제품 개발에서 우위를 점할 수 있다. 일반적으로 '비타민이 있어 피부미용에 좋다.'라는 정도로 아는 데 그쳐서는 안 된다. 비타민의 종류만 해도 지용성비타민, 수용성비타민 등 그 범위가 방대하다. 비타민 A, B, C, D 등 종류에 따라 우리 체내에서 활용되는 효능도 달라진다. 그러므로 자신이 재배한 작물의 성분 분석을 토대로 효과적인 효능을 꼭 알아두어야 한다. 이렇게 효능을 알아두어야 적정량의 섭취와 그 활용의 방법까지 알 수 있어 작물의 이용 범위가 더욱 넓어진다.

성분과 효능을 알았다면 어떤 제품으로 가공할 수 있는지 살펴보자. 좋은 아이디어가 떠오르면 기존 출시된 유사 제품을 이용해 봐야 한다. 그리고 같은 제품이나 유사한 제품을 만들기보다 이를 응용하여 새로운 제품, 비슷하지만 차별화된 제품을 생산하는 게 후발주자로서 유리하다. 그렇게 접근해야 소비자들에게 새로운 제품으로 인식될 수 있다. 이는 가장 중요한 부분이다. 소비자는 대기업제품이나 소비자에게 익숙한 이름의 제품을 선호한다. 식품이기 때문에 브랜드나 가공의 형식에 소비자의 반응은 민감하다. 이를 극복할 방법은 '차별화'밖에 없다. 소비자의 요구나 욕구에 충족할 제품을 만드는 것이다. 예를 들어 자신이 생산한 제품에 '설탕'이 들어간다면 소비자의 건강을 위해 설탕을 대체하면서 우리 몸에 이로운 감미료를 찾아보는 것이다. 간단하면서도 쉽지만 작은 변화를 추구하지 않으면 가능하지 않은 일이다.

이렇게 제품을 구상하고 연구하면 좋은 아이디어가 나오고 제품 개발한 한 걸음 다가서게 된다. 그 후에는 제품을 생산에 관해 기관에 문의하자. 공공기관의 문턱은 굉장히 높은 것 같지만 수시로 드나들면 저절로 낮아진다. 직접 문을 열어보지 않았기에 문턱이 높을 것이라고 상상할 뿐이다. 직접 관계자를 만나고 협의하면 길이 보인다. 예를 들어 식품 가공에 필요한 공정을 도움받을 수 있고, 제품 생산에 필요한 가공업체를 알선받을 수도 있다. 더불어 공정에 따른 필요한 자료, 정보를 한꺼번에 수집할 수 있는 유일한 곳이기도 하다. 우리 속담에 "우는 놈 떡 하나 더 준다."라는 말을 상기해 보자. 성경 구절에는 구하는 자가 받고 문을 두드리는 자에게 열린다고 했다. 그렇다면 지금, '나'는 무엇을 해야 하는지 분명해진다.

만약, 농업법인이나 조합이 설립된 경우, 국가 지원사업 공모에 도전해야 한다. 개발할 제품의 기획과 사업의 진행 여부, 시장성이 인정되면 이를 추진할 자금을 확보할 수 있다. 그로 인해 개인적 접근보다 안정적으로 사업을 이어갈 수 있다. 또한 중간 단계에서 사업계획서를 작성하며 개발하려는 제품의 문제점이나 시장의 반응, 다른 제품과의 연계성을 객관적으로 볼 수 있게 된다. 이를 보완해 나가면 다음 제품 개발을 위한 교두보가 된다.

동종 업종의 가공식품을 제조하는 업체를 찾아가는 것은 어려운 일이지만, 중요한 일이기도 하다. 경쟁업체일 수도 있지만 조력자이자 협력자의 구도를 유지하며 도움을 주고받을 수 있다. 자신을 공개하고 가공을 하는 데 있어 어려운 점이나 난관을 들어본다면 시행착오를 줄일 수 있다. 분명히 말하건대 우리 농업, 농촌, 농민은 상생만이 길이다.

– 감초드립커피

팔아야 돈이 손에 들어온다

제품 개발과 생산까지 이어졌다면 다음은 마케팅이다. 마케팅(Marketing)이란 경제학 용어인데 소비자를 고객으로 끌어들이고 관리하며 고정고객으로 만드는 모든 활동을 일컫는다. 판매 행위를 어떻게 구상하고 소비자에게 전달할 것인지, 소비자의 잠재된 소비 욕구를 어떻게 불러일으킬 것인지, 제품의 어떤 특징을 강조하여 판매를 촉진할 것인지, 기획하고 현장에 적용하는 광고와 영업까지 포함한 전방위적 활동이 마케팅이다.

그러기에 작물을 재배하는 농민이 접근하기에는 어려운 부분이라 여긴다. 작물을 재배하고 제품을 만드는 자라면 당연히 처음 해

보는 일일 터이다. 그러기에 직접 홍보하지 않고 납품에 전념했던 농가나 법인이라면 마케팅 앞에서 한없이 작아진다. 제품이 좋으니, 우수한 품질을 보장하니, 탁월한 효능을 보이고 있으니 저절로 판매가 이루어질 것으로 여긴다면 큰 오산이다. 소비자들은 손에 쥐여 줘도 모른다. 눈앞에서 보여줘도 믿지 않을 때가 많다. 적극적으로 마케팅하지 않으면 소비자가 제 발로 찾아와 구매를 확정하지 않는다.

소비자들은 농가나 농업법인이 만든 제품은 대기업 제품에 비해 반신반의하는 심리로 접근한다. 그러므로 더욱 적극적인 판매 전략으로 마케팅에 임해야 한다. 마케팅 비용이 들더라도 창고에 재고로 쌓아두는 것보다 나으니 판매하여 수익을 올리는 쪽을 선택하는 것이 옳다.

일단 제품이 소비자에게 건너가면 반응이 나온다. 최선을 다해 제품을 만들었지만 호불호가 나뉘고 보완해야 할 점이나 미처 고려하지 못한 사항까지 파악이 된다. 이를 개선해 나가며 보다 좋은 제품을 만들 수 있다. 더불어 활용도를 높여 다른 제품에 도전할 에너지도 얻는다.

다만, 한 가지 주의하고 다짐할 것은 시장의 반응이 약해도 절대로 실망하거나 좌절하지 않아야 한다는 것이다. '이만큼 해봤는데 안 되네.' 스스로 좌절하지 말자. 될 때까지 해본다는 각오로 임해야 한다.

마케팅은 제품 이름에서부터 시작한다. 제품명을 지을 때 대표나 제조업자의 마음에 드는 이름을 선호해서는 안 된다. 너무 함축적이거나 어떤 제품인지 단번에 알 수 없는 모호한 제품명도 매력적이라 할 수 없다. 소비자에게 쉽고 친근하게 다가갈 수 있는 이름이나 성분이나 특징이 잘 드러나는 작명이 좋다. 이름 하나만 잘 지어도 소위 '이름값' 하는 제품이 된다.

여기서 한 가지 더 고려할 사항이 있다면 주 소비층이다. 20대인지, 30대, 40대, 50대 이상 등 주된 고객층이 될 대상을 먼저 정해야 한다는 것이다. 포장재 디자인이나 광고 문구, 제품 사진 등 전단지나 홍보 책자를 만들어야 효과를 본다. 주요 공략 소비자를 특정하고 만들면 훨씬 집약적이면서 간결하고 그들의 감성을 사로잡는 디자인이 나올 수 있다. 전 국민이 먹고 마시고 사용할 수 있는 제품이라도 주 고객층을 상정하고 광고, 마케팅, 홍보에 임해야 산만하지 않은 마케팅 전략이 나온다.

제품이 생산되었다면 포털 검색 서비스에 등록해야 한다. 남녀노소 누구나 제품을 구매하거나 알아보기 위해 검색 사이트를 이용한다. 검색창에 몇 글자만 입력하면 관련 정보가 몇 페이지에 걸쳐 뜬다. 가장 최적화된 순서로 화면에 노출되기에 다양한 키워드를 통한 제품 안내를 올려야 한다. 예를 들어 네이버에 가입된 사업자라면 포털에 들어가 '내 사업'에 알맞은 광고를 등록하고 비즈 머니를 충전해 광고하면 된다. 이렇게 되면 네이버 가입 고객이 모두 잠재 고객으로 포섭할 수 있다는 예상치가 나온다. 물론 광고를 잘 하고 제품이 소비자의 요구에 충분히 충족시킨다면 말이다.

요즘은 포털 사이트에서 유통 플랫폼을 겸하고 있다. 네이버에서 네이버 쇼핑을 운영하고 카카오에서도 마찬가지이다. 개별 입점 업체와 파트너십을 맺고 포인트를 주며 검색과 쇼핑이 한 번에 이루어지도록 유도하고 있다. '네이버페이', '카카오페이' 등 사용하는 카드를 등록해 간단히 비밀번호만 누르면 구매할 수 있도록 간편하고 간소화된 결제 서비스를 제공한다. 그로 인해 구매 고객이 몰리는 것은 당연하다.

소비자는 검색을 통해 다른 소비자의 제품 평가나 후기를 보고 구매를 결정한다. 그렇다면 판매할 제품이 있다면 포털 사이트에 등록하는 것은 기본 중 기본이 된다. 이는 재배하는 작물도 마찬가지이다. 원거리 소비자 직거래를 할 수 있는 방법이므로 직판할 수 있는 또 하나의 방법이 된다. 실질적으로 산지 이미지와 상품의 사진만 올렸는데 제철 수확기에 판매가 몇 배로 급증하는 실적을 올리기도 한다. 그러므로 미리 어려울 것이라고 넘겨짚는 생각을 버리고 주변의 도움을 받거나 대행업체에 맡겨 등록해도 된다. 수수료는 조금 들지만 관리와 광고 내용 수정 등 잔일이 줄어든다.

자금력이 뒷받침된다면 '파워링크'에 광고하는 것도 좋다. 제품을 검색했을 때 가장 우선순위로 화면에 올라오기에 소비자들의 시선을 끌 수 있다. 스마트스토어는 자체적 할인을 적용하거나 특가 판매, 원 플러스 원 행사를 기획하기에도 용이하다.

자신이 생산한 제품의 소비자 층위를 파악하는 것은 매우 중요하다. 제품의 주 고객이 여성인지 남성인지, 구매 의중을 가진 연령층은 어느 정도에 얼마만큼 분포되어 있을지 알아두어야 한다. 이는 블로그 광고나 광고 문구 작성, 제품의 상세 설명 등에 적용하여 소비 심리를 부추길 수 있는 요소가 된다. 전혀 가늠되지 않는다면 구매한 고객의 정보를 분석하거나 상품 후기를 꼼꼼히 읽으면 알 수 있다. 구매 후기는 소비자가 원하는 것까지 세심하게 살필 수 있는 자료가 된다.

다음으로 쇼핑 플랫폼에 상품을 등록해야 한다. 쿠팡처럼 빠른 배송과 다양한 품목을 취급하는 플랫폼은 건너뛸 수 없는 판매처이다. 제품이 딱 한 종류이더라도 이 플랫폼에 파트너스가 되어 수익을 창출해야 한다. 식음료나 꾸준한 섭취가 필요한 식품은 구매자가 정기 배송으로 구매할 수 있어 고정고객이 늘어나는 효과를 얻을 수도 있다. 현재 농가에서 생산된 제품이 가장 많이 등록되고 판매 실적을 올리는 곳이 쇼핑 플랫폼이다. 특히 농수축산물 소비자는 농산물이나 농산물 가공식품은 원산지를 중요하게 여긴다. 위생적인 공정 과정을 철저하게 검증하려고 하기에 우리 땅에서 나는 작물로 까다로운 우리나라 〈식품위생법〉을 적용받는 제품을 선호한다. 가격 경쟁력보다 우수한 품질과 신선도, 우리 입맛과 체질에 맞는 제품으로 변별력을 갖추고 판매될 수 있다. 쇼핑 플랫폼

또한 구매자의 성향이나 취향, 소비 욕구를 잘 분석하고 홍보에 주력해야 한다.

이 외에도 마케팅 전략은 다양하다. 마트나 홈쇼핑에 납품할 수도 있고 이벤트로 시음회나 각 박람회나 행사장에 참가해 직접적으로 알리는 홍보 방법도 있다. 형편에 맞는 홍보전략을 선택하되, 단 하나 조건이 있다면 적극적이어야 한다는 것이다.

정부의 지원을 받아 제품을 만들었더라도 알려지지 않으면 노력이 헛되고 만다. 좋고 유용한 제품도 그대로 사장될 수도 있다. 제품 개발까지 이루어졌다면 발로 뛰어야 한다. 오로지 그 길 외 다른 방향은 없다.

– 스마트스토어 '초엘' 감초커피

모범답안은 훔쳐서라도 봐야 한다

강의를 위해 다른 지역에 방문을 자주 한다. 가는 곳마다 강의 장소에서 더 떨어진 농업의 현장을 들러본다. 주로 어떤 작물이 재배되고 있는지, 어떤 환경에 있는지, 분위기는 어떤지 궁금하기 때문이다. 개인적으로 연구원, 교수, 공무원을 거쳐 농업을 선택하고 작물에 인생을 걸며 그 길을 가고 있는 내가 추구하는 농촌의 모습을 발견하고 싶은 까닭도 있다. 그러나 안타깝게도 어딜 가나, 어느 지방이나 모두 거기서 거기다. 밭에는 콩이나 감자, 고구마, 마늘, 양파 등 작물이 심어져 있고 논에는 벼농사를 짓는다.

지역 사람들만 간간이 오가는 모습, 허리 숙여 작물을 가꾸거나 땅을 일구는 모습들이 들어온다. 대부분 연로하신 분이거나 외국인 노동자들이다. 깊은숨이 내쉬어지는 건 '이 드넓은 땅과 우리가 심는 작물이 자원이 될 수 없을까?'라는 생각이 절로 들 때다. 우리 부모 세대가 농사짓던 방식 그대로 답습하며 열악한 환경을 그대로 이어가는 모습에서 '어떤 방법이 있을까?' 고민하게 되기도 한다. 이는 우리가 함께 머리를 맞대고 추진하고 모색해야 할 방향을 찾는 일이기도 하다. 당장은 어렵더라도 장기적 안목에서 접근하면 우리 농촌, 농업에도 희망은 있다.

'농업' 자체가 동력이 되어 관광이 되고 사업이 되고, 브랜드가 되어 어디서나 누구나 와보고 싶은 곳으로, 머물고 싶고 살고 싶은 곳으로 만들었으면 하는 바람이다. 도시를 모방하고 따라가려는 시각에서 벗어나 농촌의 특수성을 살리고 친환경적 요소와 자연지형을 이용한 특색 있는 '마을'과 '공동체'를 형성하면 충분히 가능한 일이다.

일본 미에현 이가시에 가면 모쿠모쿠팜이 있다. 예전에는 도시에서 외떨어진 한적한 곳으로 아주 조용하고 사람의 발길이 닿을 것 같지 않은 비밀스러운 곳이었다고 한다. 그런데 지금 이곳은 농촌 융복합산업의 롤 모델이 되어 전 세계인이 찾는 관광 명소가 되었다. 숙박은 물론 레스토랑, 온천, 농장까지 농촌형 관광단지를 떠올리면 풍경이 그려질 것이다. 직접 가보면 농촌의 마을 그대로다.

농가나 농민은 농사 현장에서 쌀, 채소, 과일, 콩, 버섯 등 작물을 재배하며 관리한다. 수확한 농작물은 관광객이나 이곳 음식점에서 소비된다. 두부를 만들고 빵과 햄, 술도 빚어 판매한다. 그 결과, 한 해 견학이며 관광과 제품 판매로 인한 매출이 600억 원이 넘는다고 하니 웬만한 대기업 못지않다.

모쿠모쿠팜은 발상의 전환에서 시작되었다. 1983년 이 지역 인구는 8,000명, 산속 마을, 주민들 대부분 농업이나 소규모 축산을 하고, 부농도 없고 상권이 일어날 요소도 전혀 없었다. 이렇게 열악한 조건에서도 변화를 꿈꾸는 한 사람이 있었다.

그는 돼지고기 유통업을 했는데 소시지와 햄을 만들려고 공장을 설립했다. 그러나 이 공장에서 나온 소시지나 햄을 찾는 소비자가 없었다. 사업은 매달 적자였다. 방법이나 방향을 모색하지 않으면 그대로 주저앉아 거리에 나앉을 판이었다.

그는 소비자를 공장으로 부르기로 했다. 이른바 '소시지 만들기 체험'을 시작한 것이다. 마케팅과 홍보에 열을 올려 하나둘 사람들이 찾아오기 시작했다. 그는 체험객들의 특성과 요구를 모아 면밀하게 분석했다. 그들은 멀리까지 왔음에도 어디에서나 볼 수 있는 멋진 풍경이나 편리한 서비스를 원하지 않았다. 건강에 관심이 많고 직접 농민이 재배한 농산물을 원했다. 또한 그 어디에서도 볼 수 없는 지역 색깔을 보고 싶어 했고 이 지역 문화를 향유하고 싶어 했다. 이를 토대로 그는 농장의 방향성을 잡았다. 도시의 경쟁과 치열한 삶에 지친 사람들이 여행이나 여가의 시간을 투자했을 때 힐링이 되면서 지역민이 함께 상생할 방안, 그 대안을 설계한 것이다. 그리고 주변 농가들의 참여를 이끌었다. 지금은 지역 전체가 하나의 사업 공동체가 되어 관광객을 맞고 주민에 의해 운영되고 있다.

그래서일까. 모쿠모쿠팜에는 농업과 연계한 볼거리와 놀거리도 무궁무진하다. 직접 기르는 가축 관련 정보나 동물애호가의 마음을 사로잡는 가축 학교가 서커스와 함께 운영된다. 자연과 동물을 제공해 주려는 보호자의 심리와 동물에게 호기심이 왕성한 아이들이 모두 충족할 볼거리를 제공한다. 농장 내 건물 외관과 인테리어를 독특하게 꾸며 결혼식과 각종 연회장으로도 인기가 많을뿐더러 오후 3시가 지나면 입장료를 받지 않고 모든 제품을 50% 할인된 가격에 판매한다. 이는 한정된 시간에 몰리는 관광객을 분산시키는 효과도 낳았다. 더불어 일자리 창출로 지역 경제에 활력을 불어넣었다.

현재, 모쿠모쿠팜에서는 인터넷 판매나 지역 농산물을 이용한 음식점이 일본 전역에 확대되어 있다. 농촌, 그것도 산골 마을이 일궈낸 결과치곤 경이로운 일이다. 뜻하지 않게 찾아온 행운은 아니다. 태어날 때부터 정해진 부자가 될 운명이 있었던 것도 아니며 엄청난 자본으로 시작한 일이 아니다. 조상으로부터 물려받은 '땅'을 어떻게 활용할까, 우리 지역이 다 같이 잘사는 방법은 무엇이 있을까 고민한 결과이다. 분명한 건 시작은 작고 소소했다. 그러나 절망하거나 포기하지 않고 서로 독려하며 걸어왔다는 사실 뿐이다. 지자체의 조력 또한 뒷받침되어야 한다.

앞서 2장에서 소개했지만, 우리나라도 체험형 농장이 여러 곳 있다. 농장의 지형적 특색을 이용하여 특화된 작물을 심거나 카페를 운영하고, 작물 재배를 교육하기도 한다. 작물의 종류만 다르지 어느 지역, 어느 농장을 가나 그만그만하다.

내가 이끄는 익산의 케어팜 또한 회사와 농장, 교육과 카페를 연계시켜 6차 산업으로 이끌고 있다. 다만, 아쉬운 것이 있다면 지역 연계, 지역민과 협업이 잘 이루어지지 않고 있다. 적극적으로 나서 도전해 보았지만, 여럿이 의견을 모으기는 어렵고 당장 성과를 낼 수 없다는 측면에서 현실의 벽에 부딪히고 말았다. 그로 인한 한계도 분명히 있다. 우리 농장을 찾아 교육받고 체험한 사람들이 지역 관광과 음식점까지 문화를 소비해 주기를 바라건만 어불성설이다. 그들은 대형 버스를 타고 와 한두 시간 머물다 돌아가 버린다. 그들이 떠난 뒤 허탈함만 그 자리를 채운다.

그래서 시간만 나면 '은퇴자 농장'이나 '복지형 농장' 등 나아갈 방향을 타진해 본다. 하지만 이내 혼자 모든 것을 감당할 수 없다는 결론에 이르면 '꿈의 궁전'을 허물 듯 무너뜨려 버린다. 그럼에도 매일 '무슨 방법이 없을까?' 그 해답을 찾아 촉수를 더듬거린다.

분명 어딘가에는 길이 있고 빛이 있을 것이라 믿기 때문이다.

우리나라의 각 지역 단체도 벤치마킹하러 모쿠모쿠팜에 많이 방문한다. 그럼에도 우리나라에는 이런 지역, 마을, 공동체가 성공적으로 정착하지 못하는지 아이러니하다. 부러워만 하지 말고 누군가 적극적으로 방법을 찾아야 한다. 한 사람의 움직임이 세상을 바꾼다는 진리가 우리 농촌에서 실현되었으면 한다.

– 모쿠모쿠팜

◆ 부자농부의 성공 꿀팁

–6차 산업 가능성의 문은 활짝 열려 있다.
–사업체를 꾸리면 더 많은 기회가 찾아온다.
–작물의 활용도를 높여라.
–세상에 알리지 않으면 창고에 쌓인다.
–누군가 처음 시작해야 한다면 지금 당장 움직여라.

농촌에서 태어나 자랐지만, 농사일이라곤 할 줄 아는 게 없었다. 농업을 알기 위해 이곳저곳을 방문하며 한국벤처농업대학(11기) 농식품가공과까지 졸업했다. 그럼에도 여전히 농업은 (정책적인) 숙제였다. 그러던 2013년 지자체에서 정책개발 업무를 수행하던 중에 '감초'라는 작물을 알게 되었다. 감초는 식품, 화장품, 의약품 심지어 담배를 만들 때 많은 양의 감초가 사용된다는 것이다. KT&G를 방문하여 직접 확인까지 했다. 그럼에도 우리나라에서는 감초가 재배되지 않는다는 것이다. 그렇다면 나의 결론은 하나였다. '감초'.

더불어 하나의 신념이 내 가슴에 들어섰다.

'나라가 안 하면 나라도 한다.'

케어팜은 그렇게 시작되었다.

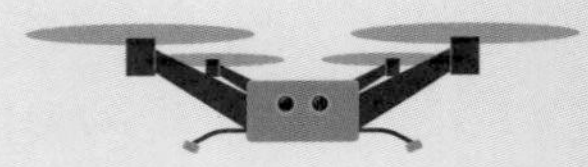

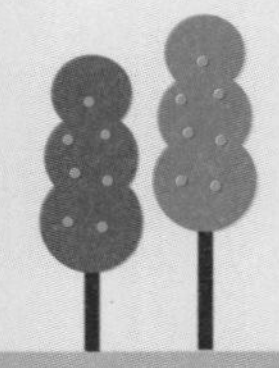

5장

부자농부의 성공이야기

가능성이 보이면 움켜쥐어라

2013년 농업회사법인을 설립했다. 회사의 이름은 '감초유통사업단'.

이름만 들어도 '감초' 관련 회사라는 것을 알게 하겠다는 작명이었다. 땅에서 감초를 재배하는 것뿐만 아니라 가공 · 유통, 체험 등 농촌융복합산업을 이루겠다는 포부였다. 그러나 처음 해보는 농업에 대한 두려움은 컸다. 잘나가는 직장을 그만두고 농사를 짓겠다는 둘째 아들을 이해 못 하시는 부모님 설득도 감당해야 했지만, 감초의 가능성 하나만 움켜쥐고 삶의 대전환을 시작했다.

과자, 간장, 화장품, 약 등 많은 곳에 쓰이는 감초이지만 대부분

중국이나 우즈베키스탄 등지에서 수입한 재료였다. 국내에서 재배되는 것은 극히 일부분이었고 이 몇 안 되는 농가마저도 재배에 어려움을 겪고 있었다. '우리나라에서는 왜 안 될까?'라는 질문은 '그렇다면 내가 해보자!'로 바뀌었다. 감초는 이렇게 나를 농업에 미치게 했다.

농사일이라곤 농촌에 살면서 오며 가며 일하는 부모님과 어른들 너머로 봤던 게 전부였다. 그런데도 호기롭게 토지를 임대해 토지주와 함께 감초를 재배했다. 감초 씨앗을 뿌릴 때 주인 어르신이 물었다.

"김 박사(필자를 부르는 호칭) 작물은 어떻게 자라는지 아는가?"

어르신의 질문에 나는 어리둥절했다. 작물이 어떻게 자라는지 내가 알 턱이 없었다. 그렇다고 햇빛과 물, 공기가 있어야 자란다는 초등학생 수준의 답을 내놓을 수도 없었다. 답을 궁리하느라 진땀을 흘리는 내 모습이 안쓰러운지 어르신은 허허 웃으며 답을 알려주었다.

"작물은 주인의 발거름(발걸음)을 먹고(듣고) 자란다네."

어르신의 말씀에 "네?"라고 반문할 만큼 나는 농부의 역할을 몰랐다. 어르신은 작물이 어떻게 발거름을 먹고 자라는지 자신의 경험담을 얘기해 주었다. 비가 오면 오는 대로, 가뭄에 들면 쩍쩍 갈라진 틈 사이를 걸으며 작물을 돌봤다는 것이다.

당시 나는 감초에 미쳤지만, 감초 재배에 관련해서는 아무것도 모르던 시절이었다. 심으면 자라고, 시간이 지나면 수확하는 것이라고 정해진 답처럼 생각했는데 그것이 아니었다. 한 번이라도 더 작물을 살피러 들르는 그 발걸음이 작물의 성패를 좌우하는 것이었다.

그래서 감초 씨앗을 파종하고 몇 주간은 밭에 자주 갔다. 시간이 지나며 여러 가지 일정이 겹쳐 감초밭은 어르신에게 관리를 맡겼다. 한 달여 만에 다시 찾았더니 오랜만에 보는 감초들이 나에게 이렇게 말했다. "주인님, 왜 이제 오셨어요? 저희 너무 힘들었어요."라며 나무라는 소리가 들렸다. 그러니까 나는 무책임하고 무성의한 농부로 첫발을 내디딘 것이다.

감초들의 항의 때문일까. 그 후 나는 아무리 바빠도 아침 일찍 또는 일과를 마치고 오후 늦게라도 감초밭에 다녔다. 시간이 지나면서 힘없던 감초들이 생기 넘쳐나는 모습을 보여주며 이렇게 말했다. "주인님, 이제 살 것 같아요. 자주 오세요." 주인의 발거름이 눈앞에서 증명된 것이다.

그렇다. 감초를 재배하겠다는 것도 나이고, 심은 것도 나이며, 수확을 꿈꾸는 것도 나였다. "오직 감초!"를 외치며 외길을 선택한 것도 나다. 한 톨의 씨앗이 자라 뿌리내리고 자신을 성장시키는 것처럼 내 의지 한 톨이 지금 이 밭에 심겨 있다. 그런데 나는 이를 간과했다. 어르신이 너무 모른다고 하면 공부할 생각은 안 하고 "처음이라서요."라는 핑계를 떠올렸다. "잘 몰라서요."라는 변명으로 일관하며 어려운 순간을 피하고 모면했다.

그러니 처음 심은 씨앗이 잘 자랄 리 없었다. 그럼에도 과정이라 생각했다. 첫술에 배부를 수 없다는 속담은 그냥 나온 게 아니라며 자위했다. 감초를 심은 두 해째에는 달라졌을까. 아니다. 나의 마인드는 그대로였고 머릿속에는 '왜 안 되지?', '이 길이 아닌가?'라는 의구심만 생겼다. 감초 관련 논문에서 보았던 조선 시대 세종이 감초를 재배하라는 명령에도 불구하고 현재 감초가 재배되지 않은 까닭이 있을 거라고, 그러니 내가 잘못한 건 아닐 거라고 스스로 위로했다. 두 해 동안의 실패를 지켜본 어르신이 안타까운 표정으로 말했다.

"땅은 자기 주인을 알아본다네."

그 후, 나는 땅 주인이 되기 위해 발버둥 쳤다. 아침에 눈 뜨자마자 감초 농장으로 향했다. 한 포기 한 포기 내 손길과 정성을 쏟아부었다. 그러나 여름 장마철 기후변화로 인해 장마 기간이 길어지고 폭우처럼 연일 계속되는 비는 감초에게 치명타와 같았다. 2년여 재배하며 수확을 앞둔 감초는 고온다습한 기후를 견디지 못하고, 병들어 죽은 양이 만만치 않았다. 새로운 재배 방법이 필요했다.

잠자는 시간을 쪼개 감초를 잘 키울 방법을 연구했다. 주경야독. 감초의 특성을 찾고 온갖 자료를 검색하고 찾아냈다. 기후변화와 장마철 폭우에 노출된 노지 재배를 대응할 방법이 있어야 했다. 이

때 아마도 전국의 농가를 가장 많이 찾아다닌 듯싶다. 설치된 하우스의 장단점을 분석하고 감초에 적합한 시설은 어떠해야 하는지 알아냈다.

그로 인해 시설하우스 재배를 시작하였고 일정 기간 감초의 성장에 효과를 낼 수 있는 용기를 개발했다. 그리고 '곧은 뿌리 작물 재배 장치 및 이를 이용한 재배 방법'이라는 특허를 출원했다. 이 용기법은 격리상 재배법이라는 농업 이론을 공부한 덕에 얻어진 결과물이다.

오래전부터 국산 감초를 연구하던 농촌진흥청 연구진은 '원감'과 '다감' 두 종의 감초를 개발했다. 2023년 식품의약품안전처 식품의약품안전평가원은 원감, 다감을 약재로 등재했다.

이 원감과 다감을 케어팜은 특허받은 용기에 심고 성장을 지켜봤다. 결과는 아주 성공적이다. 상품성으로 볼 때 최상위 등급이다. 그로 인해 감초의 국산화가 현실이 되어가고 있다.

원감과 다감의 재배 면적이 많아지면 국산 감초의 수출까지 기대할 수도 있다. 현재 감초는 약용작물로 유럽이나 아시아, 북미, 남미 어느 대륙에서나 쓰이고 있다. 화장품, 약제, 의약외품, 음식, 기호식품 등 아주 폭넓고 다양하게 쓰인다.

'감초'에 꽂혀 농업의 길에 뛰어든 지 올해로 꼭 10년이다. 어려움과 험난한 과정의 터널을 지나 대한민국 감초는 '익산 감초', '케어팜'으로 통하도록 발전했다. 뿐만 아니라 농촌융복합산업의 선두 주자로 굳건히 자리매김하고 있다. 이 모든 게 땅에서 이루어졌다.

땅의 가능성을 믿자.

'원감' 노지 재배	'원감' 용기 재배

– '원감' 노지 재배와 용기 재배 차이

누구든 꿈틀댈수록 성장한다

'감초'를 재배해야겠다는 의지만으로 농사에 뛰어들었다. 어찌 보면 무모하기 짝이 없는 선택 아니었을까. 잘나가던 공무원 생활을 접고 교수, 연구원까지 한 내가 수익이 보장되지 않은 농사를 짓는다는 게 얼토당토않은 일이었다. 그래도 뒤로 물러서고 싶지 않았다.

'감초를 어떻게 잘 키워낼까?'라는 고민을 하루 내내 달고 살았다. 지금은 농촌융복합산업의 모델이 되고 있지만 단숨에 뛰어오른 결과가 아니다. 계단을 오르듯 하나하나 완성해 나갔다. 그리고 지금에 이른 것이다.

처음 시도한 일은 비닐하우스와 용기 제작이었다. 그해 노지에서 재배한 감초가 처절하게 썩어 모두 뽑아내야 했다. 장마철 많이 내리는 비는 뿌리 식물에 재앙이었다. 더구나 땅이 단단해 중심 뿌리가 곧게 자라지 못하고 옆으로 퍼져 상품성이 떨어졌다. 이런 문제점들을 종합해 보니 감초는 비닐하우스와 용기를 활용해 재배하는 게 맞았다. 또한 기후변화와 초고령화 사회 노동력 절감을 위해 약용작물 스마트팜은 필수였다.

견학 삼아 농장 몇 곳을 방문했다. 그리고 장단점을 보완하고 감초의 생육에 맞춰 비닐하우스를 설계했다. 초기에는 온도와 습도를 자동으로 제어하는 원격제어로 작동되는 간편형 스마트팜 시스템을 설치하였다. 이 초기 하우스 시설에 2018년 산림작물생산단지 조성사업을 통하여 연동형 시설하우스로 거듭났다.

감초 재배 용기는 감초의 상품성 향상과 작업 환경을 위해 꼭 필요했다. 감초를 노지에서 재배하면 허리를 숙여 심고 가꾸고 수확해야 한다. 한두 해 해보니 엄청난 노동력을 쏟아부어야 했고 감초의 품질도 보장할 수 없었다. 식재뿐만 아니라 수확할 때도 편리를 도모해야 했다.

여러 방법을 시도한 끝에 만들어진 게 졸대 방식의 감초 재배 용기이다. 감초뿐만 아니라 뿌리 작물의 재배와 수확을 위해 재배 용기의 길이는 30~90cm(감초, 지초, 황기, 우엉, 잔대, 당귀, 도라지, 더덕 등)로 다양하게 제작하였다.

땅에 묻는 형식이 아니고 땅 위에 용기를 연결하여 세우는 방식이라 허리를 굽혀 일하지 않아도 되었다. 또한 용기에서 재배되기에 풀이 거의 자라지 않아 혼자 풀을 뽑아도 될 만큼 일손이 필요 없게 되었다. 감초를 수확할 때는 더 쉬웠다. 졸대만 빼버리면 용기가 펼쳐지고 흙을 털어내면 곧은 뿌리의 감초가 나왔다. 감초의 성장 상태는 기대 이상이었다. 옆으로 뻗는 포복경은 줄고, 굵고 실한 최고의 상품성을 가진 감초가 재배되었다. 고대하고 원하던 결과가 나온 것이다.

경험하지 않고 연구하지 않았다면 불가능한 일이었다. 여러 실패가 가져온 선물이다. 포기하지 않고 한 걸음, 한 걸음 꿋꿋이 걸은 결과이다. 지금은 이 용기가 회사 매출의 일익을 담당하고 있다. 뿌리 작물에 이용되는 크기로 조정도 가능하기에 감초뿐 아니라 도라지, 지초도 생육이 가능하다. 전국에서 용기 주문이 끊이지 않는 이유다.

감초 재배에 대한 확신이 들자 회사 이름을 '감초유통사업단'에서에서 '케어팜'으로 변경했다. 농촌융복합산업에 대한 꿈과 5년여 동안 감초를 재배하면서 농업은 더 이상 농사 개념만으로 존립해서는 안 된다는 생각이 들었기 때문이다.

여러 선진 농업국가를 견학하며 깨달은 것이 있다면 농업에 치유와 복지를 연계해야 한다는 것이다. 노동 집약적인 일에서 벗어나 작물을 재배하는 과정이 곧 치유이고, 농장에서 일하는 것이 생산적 복지로 그 역할을 다해야 한다. 이는 회사의 지향 목표가 되었고 개인적인 소신과 포부가 되었다.

'케어팜'으로 사명을 바꾼 뒤, 농촌융복합산업으로 확장하기 위해 작물 재배와 가공에 교육과 서비스를 더했다. 마침 농림축산식품부의 현장 실습 교육장과 한국농수산대학교 현장 실습장으로 지정되기도 했다. 이를 계기로 귀농 · 귀촌, 청년후계농 그리고 미래 농업고등학교(홍천농업고, 충북생명산업고, 호남원예고) 학생들에게 감초 재배와 농촌융복합산업 교육을 진행하였다.

대부분 감초를 처음 접하는 이들이었고 용기 재배를 무척 신기해했다. 자신들이 쓰고 먹는 제품들에 감초가 함유되어 있다는 말에 놀라워했다. 견학이나 교육을 오는 사람들에게 감초가 들어간 과자나 장류, 사탕이나 젤리, 화장품과 비누를 소개하면 감초의 쓰임을 비로소 정확하게 인지한다. 매번 교육생을 만날 때마다 농사는 먹거리만 생산하는 일이라고 생각했던 사람들의 인식이 전환되는 것을 느낀다.

그러므로 '농업' 하면 떠오르는 작물에 국한해 재배를 고려할 필요가 없다. 오히려 블루오션처럼 여러 분야의 재료로 사용되는 작물을 심고 수확하는 것도 좋다. 오히려 더 나은 선택지가 될 수 있기도 하다.

체험 활동은 감초가 들어간 양갱이나 비누 만들기를 하고 있다. 만들어 바로 먹을 수 있고 집에 가져가 쓸 수 있는 일상 용품이기에 참여자들 호응이 좋다. 체험 종목을 선정할 때는 짧은 시간 내에 만들 수 있어야 한다. 과정이 복잡해서도 안 된다. 유치원이나 노인회관, 장애인 복지관 같은 곳에서도 체험을 오는데 누구든 손쉽게 만들 수 있어야 만족도가 높아진다.

체험장(교육장)과 함께 카페를 신축하였다. 지금은 그 어느 카페보다 경치가 아름답고 풍요롭지만, 처음 이곳은 돌이 많고 평평하지 않은 곳이었다. 터를 다지고 다져 2층 건물을 올린 것이다. 복잡한 공사가 따르겠다는 판단이 섰지만 감초 농장(비닐하우스) 바로 옆이라 체험장과 연계할 수도 있는 입지를 가지고 있었다. 석양이 질 때면 뷰도 아름다워 꼭 농장 체험이 아니라도 지역의 핫플레이스가 될 것으로 예상했다.

그러나 카페를 짓는 과정은 쉽지 않았다. 다중이용시설인 1종 근린생활시설 허가가 나오지 않는 지역이었다. 시 건축 담당 부서에서는 허가를 내줄 수 없다고 했다. 난감한 상황에서 이리저리 알아보니 농촌융복합산업에 관한 법률을 적용하면 가능했다. 시 건축 담당 부서의 판단만 믿고 따랐다면 지금의 카페는 지어지지 못했을 것이다. 역시 꿈틀대면 나아갈 수 있다는 것은 진리였다.

카페는 '감초'가 들어간 시그니처 메뉴를 개발해 일반적 카페와 차별화했다. 감초라테나 감초리카노, 감길차, 감두차 등은 우리 카페(익산 달보드레)를 찾아와야만 마실 수 있다. 직접 재배한 감초를 활용해 음료 서비스업까지. 이것이 바로 농촌융복합산업이다.

처음 맨땅에 감초를 심은 때부터 지금까지 회사도 나도, 직원도 꿈틀거리는 것을 멈추지 않았다. '무엇을 어떻게 할까?' 고민하며 방법을 모색하고 길을 열어갔다. 쉬운 길은 하나도 없었지만 걷지 못할 이유도 없었다. 넘어지면 툭툭 털고 일어나면 된다고 믿었다. 아무도 가지 않은 길이라면 내가 가야 한다는 각오도 새겼다. 그 결과 한 단계 한 단계 확장해 갈 때마다 농부의 자부심을 느낀다.

나는 농부다.

– 미래농업선도고 현장실습

– 카페 풍경

수확한 작물로 제품을 개발하라고?

"감초 팔죠?"

전화기 너머에서 들려오는 여성의 목소리는 간절했다. 초등학교 아이가 뇌졸중이란다. 엄마의 마음은 몸에 좋은 약재(국산)를 구해 아이에게 달여 먹이는데 감초만큼은 국산을 구하지 못했다며 국산 감초를 구할 수 있냐고 물었다. 나 또한 자식을 키우는 아빠의 처지이니 그 엄마 마음을 충분히 이해했다. 곧장 아이의 건강이 회복되기를 바라는 마음을 담아 최고의 감초를 무료로 보내주었다.

이 한 통의 전화는 주먹구구식으로 알던 감초의 약효에 공부할 계기를 마련해 주었다. 막연하게 좋은 약재이면서 어디에나 쓰이는 재료라는 장점만으로 감초를 바라보았다. 그리고 재배에 뛰어들었다. 그러나 감초의 효능이나 객관적이고 정확한 데이터, 자료, 정보는 몰랐다. 한의원을 찾아가고 약재상에 들러 물어보았지만 감초에 관해 명확하게 알려주는 사람이 없었다. 약방의 감초, 그저 "좋다."라는 말과 모든 약재의 독성을 중화시켜 준다는 것 정도만 제공했다. 그 정도는 누구나 아는 사실이었다. 그래서 본격적으로 감초에 관해 책을 찾고 논문을 찾아 읽었다.

직접 찾아보지 않았으면 알지 못할 정보들이 많이 쏟아졌다. 우리나라에서 고려 시대부터 감초를 심도록 했다는 것, 세종 또한 감초 재배에 적극적이었다는 기록이 가슴을 뛰게 했다. 그럼에도 감초 국산화에 실패한 이유가 뭘까 궁금해 공부의 깊이가 더해졌다.

《동의보감》에서는 "감초와 도라지를 달여 먹으면 기관지에 좋다 이를 감길탕이라 한다."라는 자료를 찾았다. 감초의 성분을 분석한 자료와 수입과 국산 감초의 차이점은 같은 식물이라도 토양이나 기후에 따라 다른 성분으로 구성된다는 과학적 근거까지 보충해 주고 있었다.

공부가 시작되니 감초로 만들 수 있는 제품을 연구하게 되었다. 알수록 건강에 좋은 작물이었고 몸에 좋지 않다는 정제 설탕을 대체할 좋은 식품이기도 했다. 이토록 좋은 작물을 그저 과자 회사나 식품 회사에 납품하고 끝낼 일이 아니었다. 내가 재배하고 품질이 우수하다고 자부하는 감초였다.

전화를 걸어준 아이 엄마의 말을 떠올리며 감초를 달여 농축액을 만들었다. 감초는 설탕보다 50배 이상 달다고 한다. 농축액으로 만들어 놓으면 음식이나 음료에 활용할 수 있겠다는 판단에서 내린 결정이었다. 처음 제품을 만드는 것이라 무척 신경이 쓰였다.

작물로 제품을 만드는 일은 생각보다 복잡하고 어려웠다. 관련 법은 물론이고 식품 위생 관련 교육도 받아야 했다. 또한 가공제품의 품목을 정하는 일부터 판매 단위, 포장 재질, 포장 디자인, 제품 단가, 저장, 유통 과정도 챙겨야 했다. 거기에 소비자의 호응과 반응까지 조사해야 하니 처음 도전하는 모든 절차가 굽이굽이 고비였다. 이 과정에서 과수원을 하며 과일로 가공제품을 만드는 선배 농민, 한국식품산업클러스터진흥원(구 국가식품클러스터)의 전문가들과 지원시설들의 도움이 컸다. 직접 경험한 과정을 들려주고 조언해 주니 많은 시행착오를 겪지 않아도 되었다.

첫 제품이 출시되니 상당히 만족스러웠다. 자신감도 붙었다. 신나는 일이었다. 그 뒤로 출시된 제품이 《동의보감》을 토대로 만든 감초와 도라지를 이용한 제품(익히 알고 있는 용각산)이다. 바로 이어 감초와 홍삼, 감초와 흑마늘을 함께 출시했다.

이러한 제품들은 단순히 몸에 좋은 제품을 연계한 것이 아니다. 효능과 성능을 비교 검토하고 전문가에게 의견을 구했다. 또한 농도와 구미에 맞는 맛을 찾기 위해 수십 차례 샘플 가공을 거쳤다. 그 결과 제품으로 생산된 것이다. 그러므로 농부라면 자기가 재배하는 작물에 대한 이해와 공부는 끊임없이 해야 한다.

어떤 농부는 공부도 싫고 제품 만들기가 이렇게 어렵고 복잡하다면 안 하겠다고 한다. 그러나 자신하건대 1차 생산뿐만 아니라 가공, 체험을 연계해야 한다. 그 길이 쉽지는 않지만 우리 농업이 가야 할 길이다.

다음 제품으로 출시된 품목은 화장품이다. 감초팩과 클렌징폼, 클렌징오일이다. 피부(두피) 트러블 완화를 위해 감초 샴푸 · 트리트먼트, 감초 염색약 테스트를 마치고 출시를 앞두고 있다.

화장품에 도전한 이유는 감초는 미백화장품의 원료로 고시되어 있고, 피부 트러블 완화와 보습력이 좋다는 평가가 있다. 평소 화장품을 잘 쓰지 않기에 무엇을 만들어야 할지 몰랐다. 이미 시중에 나온 제품과 유사하게 만들어야 하는 건 아닌가 싶기도 했다. 당장 화장품을 같이 연구할 회사를 찾아야 했다.

지인에게 소개받은 화장품 회사를 찾아갔다. 몇십 년 화장품 제조에 전문지식을 갖추고 현장을 이끈 그분은 나를 만나주지 않았다. 한두 번은 다시 오겠다고 말하고 돌아왔는데 계속 만나주지 않으니 나는 나 나름대로 오기가 생겼다. 화장품을 못 만들어도 좋으니 만나줄 때까지 찾아가겠다고 마음먹었다. 여러 번 방문 끝에 드디어 만났다. 몇십 년 동안 화장품을 만들어 온 잔뼈가 굵은 최춘규 이사님이다.

이사님은 '감초'만 가지고 겁도 없이 화장품을 만들어 보겠다고 덤비는 내게 거침없는 조언을 주셨다. 풍부한 경험에서 우러나는 신중하고 깊이 있는 말이었다. 그러나 나는 가능성을 보았기에 물러서지 않았다. 감초의 우수성으로 '이익 추구보다는 좋은 제품'으로 승부를 보겠다는 확고한 내 신념을 전달했다. 내 설득에 넘어간 건지, 내 열정에 승복한 건지 모르겠지만 결국 이사님과 케어팜의 협업이 성사되었다.

그 후, 시간만 되면 이사님을 만나 머리를 맞댔다. 그리고 이미 출시되어 판매되는 제품보다 새로운 제품에 도전하자고 의기투합했다. 감초 성분은 피부 진정 외에도 항염 효과에 탁월하다. 해독 작용이 있고 스트레스를 완화시켜 준다. 이러한 특이점을 살릴 제품을 떠올렸다. 가장 빈번하게 사용하고 피부의 트러블을 줄이는 제품이어야 했다.

여러 아이디어를 떠올린 끝에 '클렌징오일'과 '클렌징폼'으로 결정되었다. 그리고 감초 비누까지 제품에 더해졌다. 클렌징오일은 코에 있는 블랙헤드까지 잡아준다는 소비자의 평으로 매장에서 환호받고 있다. 클렌징폼은 향을 개선하면 좋겠다는 소비자 의견이 접수된 상태다. 이를 보완하여 다음 신제품을 만들 예정이다.

현재, 화장품 분야의 일은 전적으로 이사님이 맡고 있다. 그만큼 관계에서 신뢰가 쌓이고 유대감이 형성되었다. '감초'를 재배하는 농민에서 화장품 사업까지 확장하는 데 이사님 공이 컸을 뿐 아니라 '좋은 제품'을 출시해야 한다는 의지를 불태우게 한다. 그로 인해 감초 함유 염색약과 감초 샴푸에 도전장을 내밀게 된 것이다.

이처럼 제품을 만들 때는 조력자가 필요하다. 작물 재배만 하던 사람이 어느 날 뚝딱 제품을 만들어 낼 수는 없다. 전문가의 조언은 필수적으로 필요하다. 경험을 가진 사람의 노하우를 배울 필요도 있다. 이럴 때는 문턱이 닳도록 찾아가 도움을 청해야 한다. 더 나은 제품을 만들 수 있는 길이기도 하다.

다음 도전 제품은 '커피'였다. 이미 카페에서 시그니처 메뉴로 팔고 있는 감초리카노, 감초라테가 있지만 집에서 마실 수 있는 '감초커피'를 만들고 싶었다. 여러 궁리를 했지만 답을 못 찾고 있는데 어느 날 드립백 커피가 눈에 들어왔다. "유레카!"를 외쳤다.

당장 카페에 커피를 공급해 주는 1kg 커피 회사에 찾아갔다. 같은 식품클러스터 단지에 있어 가까웠다. 더구나 감초를 물에 녹는 분유처럼 식품 소재로 만든 직후라 자신 있었다.

1kg 커피 회사 담당자는 기꺼이 시제품을 만들어 주었다. 맛 평가는 성공적이었다. 갓 볶아낸 커피에 감초 분말을 넣었더니 커피의 풍미가 올라가면서 끝에 감초 향이 올라왔다. 커피 회사 이상호 대표님도 흥미로워했다. 커피와 감초의 이색적인 조합이 퓨전 음료로 탄생한 것이다. 커피에서 충분히 설탕이나 시럽을 감초가 대체할 수 있다는 의견이 모아졌다. 시중에 드립백 감초커피 제품을 출하했다. 반응은 호의적이었다. 한번 맛본 소비자들의 재구매가 이어지고 있다.

얼마 전에는 감초커피믹스를 출시했다. 설탕 대신 감초를 넣었다. 대기업에서 나온 유명한 커피믹스와 비교하는 시음을 해보았다. 깊고 풍부한 커피의 향을 즐기면서 건강을 챙길 수 있는 게 감초커피믹스라는 결론이다.

이렇게 여러 제품이 우리 회사 케어팜에서 나온다. 감초 하나로 시작하여 연결되고 완성된 제품들이다. 원재료인 감초만 재배하고 팔아야겠다고 생각했다면 여기까지 올 수 없었다. 끊임없이 무엇을 만들까 고뇌한 결과다. 하지만 누구나 할 수 있는 일이기도 하다. 아직 자신이 재배한 작물로 제품을 만들어 보지 못했다면 과감하게 도전하기 바란다. 이 순간부터 생각하고 시작하면 된다. 지금이 기회다.

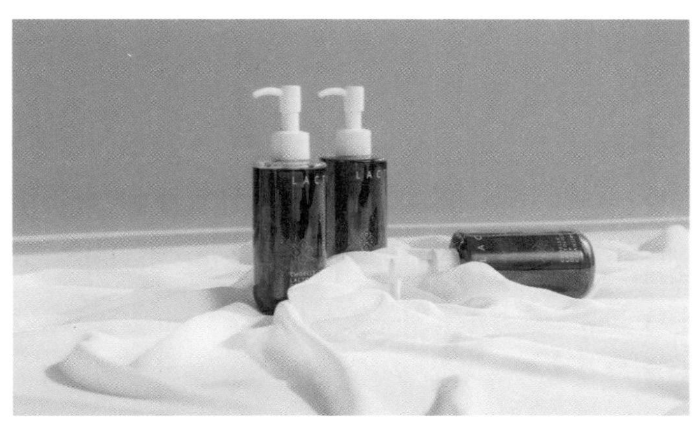

– 감초와 지초를 활용한 클렌징오일

우리를 위한 당신의 한 걸음이 필요하다

강의 시작 15분 전이다. 계단을 오르며 목소리를 가다듬었다. 오늘도 신명 나게 '농업'을 풀어볼 생각이다.

개인적으로 강의 다니는 일을 소명으로 여긴다. 농부는 땅을 일구고 작물을 심고 가꿔 출하하는 일이 전부가 아님을 증명해 보이고 싶다. 농부가 무슨 강의냐고 묻는 사람이 있겠지만 농부이기에 더 적극적으로 정보를 공유하고 함께 고민해야 할 지점을 찾아다녀야 한다. 농부가 농부의 상황과 심정을 가장 잘 알 수 있는 것 아닌가. 허리 숙여 무를 뽑고 쪼그려 앉아 고추를 따본 사람이 그 노고를 안다. 농업의 현재를 몸으로 인지하고 직면한 문제를 바로 보고 해결점을 찾아갈 수 있다. 여러 애로 사항이 있으나 공유하지 못했던 부분에서 다른 관점으로 보게 하고 나아갈 수 있게 돕는다. 오직 농부의 마음은 같은 농부가 아는 것이다.

농업 분야 전공의 학자나 농업기술센터 연구자, 관공서 관계자는 이론에 능하다. 정형화된 기준 제시나 틀에 예전부터 답습되어 오는 방법을 알려준다. 그렇지만 현장의 상황은 시시각각 변하고 요동친다. 농사를 지으면서 답답하고 아프고 가려운 곳에 손톱을 세워줄 누군가가 필요하다. 그 일(강의)을 담당해 줄 사람은 바로 땅을 갈고 있는 우리(농부)다.

강의 갈 때 일부러 정장 차림으로 강단에 선다. 앞서 농부의 이미지는 변신의 귀재라고 했지만 흙 묻은 작업복만 입는 게 농부가 아님을 강의장에서 인식하게 해주고 싶기 때문이다. 교육받으러 오는 수강생들 대부분이 농업에 종사하거나 농업에 관심이 있는 사람이다. 이들에게 농부도 강의할 수 있으니 꿈을 꾸라고 간접적으로 어필하는 것이다.

내가 강의한다고 하면 공학박사 출신으로 책을 쓴 저자이니 가능한 일 아니냐고 묻는다. 이는 큰 오산이다. 내 강의의 주제는 '농업' 관련 현장 실무 내용이다. 물론 강의 요청이 들어올 때마다 주제가 조금씩 달라지기는 한다. '기후변화와 농업'이나 '농촌융복합산업', '귀농 · 귀촌', '미래 농업' 등이다. 이 외에도 조금 더 깊이 있게 들어가 치유농업이나 친환경농업처럼 구체적인 부분으로 들어가기도 한다. 이런 주제의 중심에 '농업'이 있다. 농업을 빼고 다른 주제로 농부인 나를 부를 리 없다. 그러므로 '박사'나 '저자'의 타이틀로 강의하는 것이 아님을 분명히 해두고 싶다. 우리 모두 강단에 설 수 있다는 말이다.

강의는 준비와 강의, 강의 후로 나누어 설명할 수 있다.

먼저, 강의 준비는 매일 해야 한다. 나는 농사를 지으며 기록될 수 있는 작업마다 사진을 찍고 기록한다. 이것이 강의자료가 된다. 똑같은 작업이라고 작년 내용을 쓰지 않으려고 이를 멈추지 않는다. 인터넷 기사나 신문, 농업 관련 정보지를 보며 스크랩하는 것도 잊지 않는다. 이를 따로 관리하기 어려우니 페이스북이나 인스타그램 같은 개인 SNS를 이용하는 것도 방법이다. 개인 블로그나 브런치 등 공유 홈페이지에 글을 올리며 자료를 모아두는 것도 좋다. 사진이 첨부되는 자료이며 체험하면서 느끼거나 깨달은 부분을 설명하는 것이니 강의하기에도 좋은 내용이 된다. 더불어 이러한 실전 자료들은 강사와 청중 간 같은 일을 하고 있다는 공감대를 형성하고 유대감을 갖게 한다.

다만, 남들 앞에 서는 일이니 '농업'에 대해 다른 사람보다 더 많이, 깊이 있게 알아야 한다. 다양한 책을 보는 일과 수시로 바뀌는 농업 정책이나 새로운 농업기술에 대해서는 수고로움을 아끼지 말아야 한다. 농부가 제일 강의 잘할 수 있는 부분은 '자신이 하는 일'

이지만 이를 더욱 빛나게 하기 위해서는 '앎'이 필요하다.

앉아서 교육받는 수강생을 생각해 생동감 넘치고 현장감 살리는 강의가 필요하다. 바로 현장 중심 강의이다. 직접 경험한 내용을 바탕으로 농민들이 체감하는 고민, 답답해하는 지점, 직면한 어려움을 읽어준다. 나도 농부로서 같은 고민을 하고 비슷한 난관을 헤쳐 나가는 중이기 때문에 어느 부분에서 어떻게 이 강의가 접근해야 하는지 잘 아는 까닭이다. 그래서 모범답안만 보여주는 게 아니라 대안이나 해결책을 조심스럽게 제시한다.

내가 강의하는 목적은 딱 하나다. '농촌융복합산업을 통한 농업의 부가가치화!'

강의실에 앉아 있는 수강생들은 농업의 현장에서 미래를 수확하려고 한다. 연령층도 다양하고 강의를 듣는 목적도 다르다. 그럼에도 한 마디도 놓치지 않으려고 필기하고 눈을 부릅뜬다. 강의가 끝나고 나면 개인적으로 연락도 준다. 답답했던 부분을 풀어주어서 고맙다는 내용이다. 어떤 분은 눈물을 흘리기도 한다. 사는 지역이나 재배하는 작물은 달라도 땅을 일군다는 '이심전심' 공감대가 형성되었기 때문이다.

그들이 어느 누구 앞에서 '농민'의 답답함을 토로할 수 있겠는가. 농사를 지으며 행복한 미래를 꿈꾸지만 가능할지 불안한 마음을 누가 읽어줄 수 있겠는가. 어느 학자가 농업의 좋은 수, 진정한 가치, 굳은 자부심을 줄 수 있겠는가.

우리(농민)가 상부상조하고 자급자족해야 한다. 자신만의 농업의 길을 만들어 강의하자. 도움이 필요한 농민에게 직접 한 포기 작물을 심어줄 수는 없지만 현명한 농부의 길을 안내해 주는 등불은 되어줄 수 있다.

– 감초를 활용한 농촌융복합산업 강의

꿈을 향한 새로운 한 걸음

케어팜은 10년이 된 기업이다. 농사부터 시작해 농산업으로 확장해 오면서 희로애락이 있었다. 이제야 밝히는 이야기이지만, 7년여 동안 특허 소송이 있었다. 사업 초기 법원에서 등기 우편물만 와도 심장이 두근거렸다. 봉투를 뜯지 못하고 머리를 감싸 쥐었던 게 한두 번이 아니다. 분명 감초 재배 용기에 대한 특허를 내고 사용했는데 상대의 특허를 침해했다는 것이다.

권리 범위 침해 1심 소송에서 어처구니없이 패했다. 울분이 터졌다. 지금까지 이루어온 일이 물거품이 되는 것 같았다. 이론이 아닌 현장에서 감초의 국산화를 위해 노력한 땀의 결과를 생각할 때

울화통이 터졌다. 하지만 포기할 수 없었다. 뜻이 있으면 길이 있다는 말을 확신했다. 〈특허법〉 관련 책을 찾아보고 변호사, 변리사를 찾아다녔다. 그리고 상대의 특허에 문제가 있음을 발견했다. 법률 자문은 특허 무효소송을 낼 수 있으되 승리는 장담할 수 없다고 했다. 하지만 나는 이를 악물었고 마지막까지 해보지도 않고 무릎 꿇을 수는 없었다. 1심에서 승소한 그들은 기고만장해 경제적 압박을 가해왔다. 그때 난 심리적으로 생명이 끊긴 사람이었다. 모든 빛이 차단된 동굴에 갇혀 있는 느낌이었다. 그럼에도 용기를 내야 했다. 이제까지 '농업'이 내 길이라고 믿었고 '국산 감초'를 위해 앞만 보고 달려온 나였다. '나라가 안 하면 나라도 한다.'라는 신념과 자부심으로 역경을 견뎠던 시간이었다.

"또 지더라도 항소해야겠습니다."

소송에서 패하면 돈으로 해결하면 되지만, 국산 감초의 미래 아니 케어팜의 미래는 사라질 것이었다. 그렇게 진행된 특허 무효소송은 1심에서 패한 뒤 2심에서 이겼다. 격투기에서 죽을 만큼 얻어터졌지만, 경기 종료종이 울리자 심판이 내 손을 번쩍 들어준 것이다. 이로써 내가 나아가는 길, 도전하는 방향이 틀리지 않았음을 합법적으로 증명받았다.

감초의 국산화는 지속될 수 있었다.

이제 우리는 농업의 현장에서 미래를 향해 나아가야 한다.

케어팜은 10년 후를 이렇게 준비하고 있다.

첫째, 초고령화된 농촌 사회의 공동체를 만든다. 농경 사회에서 산업사회로 전환되어 오면서 경제적으로 윤택하게 살 수 있는 이유는 어르신들의 수고와 헌신 때문이다. 이제 고령이 된 분들이 노동이 아닌 건강을 유지할 수 있는 농업 그리고 공동체 마을을 만들 계획이다. 나이가 들고 몸이 연약해지면 요양원에서 요양하게 되는 것이 사회적 통념이 되었다. 하지만, 어느 조사에 의하면 노인이 요양원에 가야 한다는 사실을 스스로 인지할 때 자존감이 크게 무너진다고 한다. 이제 사회적으로 요양원이 아닌 케어팜에서 건강을 유지하고 치유를 받는 공동체가 실현되어야 한다. 농장에서 건강을 지키고 일정의 소득을 보장받는 생산적 복지를 꿈꾼다면 노후가 풍요로워진다. 이런 관점에서 농업은 생산적 복지다.

둘째, 성농작인(聖農作人). 최고의 농부는 사람을 키우는 농부다. 선배 농업인들은 미래 농촌을 지키는 청년(후계농)을 키워야 한다. 귀농하고 10년이 지났지만, 농업 농촌의 현실은 여전히 어려움의 연속이다. 지금 농업에 꿈을 꾸고 희망을 품는 청년들이 농촌을 떠나면 더 이상 우리 농업 농촌에 희망이 없다. 그러기에 국가에서도 지자체에서도 농업 인구가 줄어 사회적 문제로 대두되고 있다.

그럼에도 불구하고 '미래는 농업이다.' 농업과 농촌에는 희망이 무궁무진하다. 이를 널리 알리며 사람(청년)을 키우는 케어팜이 되고자 한다. 벨기에 벨오타 협동조합을 방문한 적이 있다. 1,600여 농가가 만든 협동조합으로 조합에서 균일한 품질을 위해 작물 재배, 포장, 출하 시기 등을 조율하며 매뉴얼로 회원 농가에 제공하고 교육도 했다. 소비자들은 이 조합의 채소를 믿고 구입한다. 그로 인해 청년이 자신들이 생산한 작물을 자랑스러워하고 농업에 자부심을 느낀다. 이처럼 우리나라에서 청년후계농과 함께 한국형 벨오타 협동조합을 만들고 싶다. 청년농업인이 생산한 농산물을 1차 가공에 이어 다양한 상품을 만들어 고부가치의 농업을 이루어 가려는 것이다. 물론 개인이 접근하기에는 엄청난 과업이다. 함께하면 할 수 있다. 청년후계농이 우리 농업의 미래다.

셋째, 농식화약동원(農食化藥同原) 농산물과 식품과 화장품과 의약품은 근원이 같다. 1차 생산물인 감초는 과자류에서부터 조미료 등 다양한 제품의 원재료로 사용이 되고 있고, 미백화장품의 소재로 기능성 화장품의 원료로 사용되고 있으며 약재가 들어갔다는 이유로 고가에 판매된다. 《동의보감》에 명시된 대로 감초는 약으로도 쓰인다. 감초와 도라지를 달여 먹으면 기관지염에 특효가 있다. 그뿐인가. 감초 끓인 물을 먹으면 면역력이 향상되고 체내 염증을 잡아준다. 이로 인해 감초는 약방의 감초라는 말이 생긴 듯하다.

농산물(감초)이 농산물로뿐만 아니라 다양한 소재와 상품으로 개발되어 부가가치를 높이고, 99% 이상 수입에 의존해 왔던 감초의 국산화뿐만 아니라 수출작물로 육성해 나가고 있다. 농촌진흥청의 국립원예특작과학원 인삼 특작부에서 개발한 원감, 다감과 케어팜의 재배 기술로 감초의 국산화 길은 한층 더 가까워졌다. 그러기에 이제까지 제한적이었던 감초 농가를 늘리고 소득 강화를 위해 힘쓰겠다는 약속을 드린다.

넷째, 30년 동안 개발이 이루어지고 있는 새만금 농생명 용지 활용이다. 감초의 주산지역을 보니 토양은 물 빠짐이 좋고, 사막성 지역으로 염분이 높고, 약알칼리성 토양(pH 7.0 이상)이었다. 2020년 새만금에서 토양을 가져와 감초 재배를 한 결과 성공적이었다.

하지만, 직접 새만금 지역에서 직접 재배가 가능한지 확인이 필요했다. 2021년부터 새만금에서 감초 재배를 시작하였고, 내염성이 강한 감초라는 것이 증명되었다. 생육도 문제가 없었다. 토양에 염분이 있어 그런지 병해충 역시 일반 토양에서보다 강했다.

새만금에서 감초 재배의 성공 여부는 이미 증명되었다. 새만금 내부 개발계획에 따라 2026년 기능성 약용작물 재배단지가 조성되면 국산 감초인 원감, 다감 재배가 가능해진다. 조선 시대부터 그토록 염원해 오던 감초 재배 성공이 새로운 땅(새만금)에서 이루어지는 것이다.

감초만 보고 걸어온 외길 10년이었다. 혼자서 할 수 없는 일이다. 땅에서 꿈을 꾸고, 농업에서 희망을 품는 농업인과 함께했기에 가능했다. 앞으로 나아가는 그 길에서 이웃이 되고 동지가 되어주길 바란다. 나 또한 기꺼이 '농업' 현장에서 함께하겠다.

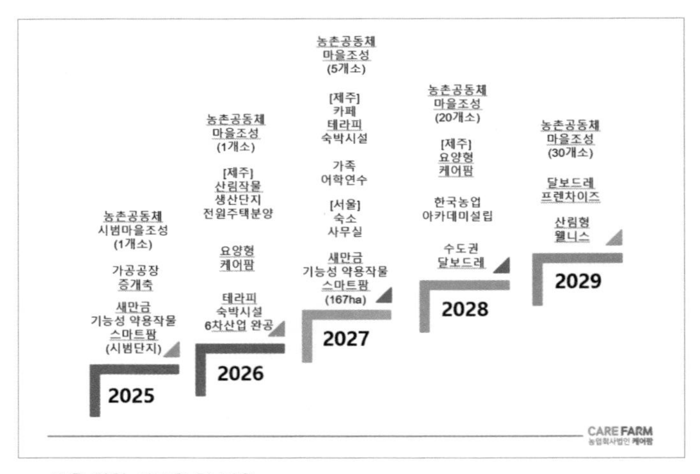
농촌공동체
마을조성
(5개소)
[제주]
카페
테라피
숙박시설
가족
어학연수
[서울]
숙소
사무실
새만금
기능성 약용작물
스마트팜
(167ha)
2027
농촌공동체
마을조성
(1개소)
[제주]
산림작물
생산단지
전원주택분양
요양형
케어팜
테라피
숙박시설
6차산업 완공
2026
농촌공동체
시범마을조성
(1개소)
가공공장
증개축
새만금
기능성 약용작물
스마트팜
(시범단지)
2025
농촌공동체
마을조성
(20개소)
[제주]
요양형
케어팜
한국농업
아카데미설립
수도권
달보드레
2028
농촌공동체
마을조성
(30개소)
달보드레
프렌차이즈
산림형
웰니스
2029
CARE FARM

– 꿈을 향한 새로운 한 걸음